# 시스템 안전

공학박사 허성관 저

# 시스템 안전

# 머리말

공학의 목적은 인류에게 꿈과 풍요로운 삶을 추구하는 것이고 인간으로 하여금 자연 그대로의 환경을 보존해 주는 것이며 시스템 안전공학은 모든 근로자에게 미래의 꿈과 행복의 실현을 약속해주는 학문이다.

산업재해의 원인 즉 광란의 에너지의 통제와 작업자의 불안전한 행동 통제를 위해 경영층의 참여와 작업공정분석 현장교육 및 실기개선으로 재해를 사전에 예방하여야 할 것이다.

미래의 산업재해는 컴퓨터 통제에 의한 생산 자동화 설비로 소품종 다량생산, 다품종 다량생산 체제로 되어짐에 따라 자동화 설비의 오동작에 의한 막대한 인적·물적 손실이 예상되는바 고도의 소프트웨어 시스템 안전장치 프로그램 개발과 직업병 환경 복지 개선 측면에서 자동 작업 환경 측정 프로그램 개발이 필요할 것이다.

마지막으로 작업자 시스템 안전을 위하여 작업자는 불안전한 행동을 하지 말 것이며 광란의 에너지 통제를 잘하고 확실한 작업 안전 수칙을 지켜 모든 근로자에게 미래의 꿈과 행복을 실현하길 바라면서..

2006년 3월 1일

저자 씀

# 목 차

# 제 I 편 시스템안전 일반

# 제 1 장
# 시스템 안전 개요

## 1.1 시스템안전의 의의

### 1.1.1 시스템안전 정의

기업의 최대 목적인 생산성 향상과 원가 절감을 이룩하기 위해서 최근 산업현장에서 가장 중요시 대두되고 있는 것이 산업안전이다.

광의의 산업안전의 의의는 인간생활의 복지향상을 위하여 산업을 통해 직접 또는 간접적으로 어떤 형태의 생존권 침해도 받지 않는 상태를 말하며, 적극적 안전이라고 볼 수 있다. 협의의 산업안전의 의의는 산업을 통한 재난으로부터의 보호를 말하는데 즉, 사고의 결과인 재해로부터 인명과 재산을 보호하는 것을 의미하며 소극적 안전이라고 볼 수 있다.

안전(safety)의 개념은 U. S. Steel Co. 의 E. H. Gary 회장이 회사의 경영방침을 안전제일로 정하고 시책을 실시한 결과, 재해가 감소함과 동시에 품질도 좋아지고 생산성이 향상되어 회사의 번영을 가져왔다는 것에서 안전제일이란 말이 하나의 슬로건으로 널리 사용되고 있는 것이다. 1906년에 인간 존중을 바탕으로 시작된 안전제일은 미국 전역에 파급되어 미국의 산업이 성장하는 데 크게 기여하게 되었다. Gary의 안전제일 방침은 근로자에게 요구하는 것보다 경영자나 관리자가 행하여야 할 책무가 더 크므로 경영자나 관리자의 의욕과 실천이 선행될 때 비로소 달성될 수 있는 것이라고 하였다.

Webster 사전에 안전은 상해, 손실, 감원, 위해 또는 위험에 노출되는 것으로부터의 자유라고 설명되어 있으며, 안전은 그와 같은 자유를 위한 보관, 보호 또는 가드(guard)와 시건장치(locking system) 등 질병의 예방에 필요한 기술 또는 지식을 뜻한다고 기술되어 있다.

H. W. Heinrich는 안전은 사고예방(accident prevention)이라고 말하면서, 사고예방은 물리적 환경과 인간 및 기계의 관계를 통제하는 과학인 동시에 예술이라고 하였다. H. O. Berckhoff는 안전과학은 인간 에너지시스템의 주체인 인간이 외적 조건인 위치에너지, 전기에너지, 화학 등 여러 가지 시스템과 연관되는 방법에 대한 인간행동과학이며, 인간 에너지시스템에 관련된 시스템에서 인간 자신의 예측 또는 전망을 뒤엎고 돌발하는 일을 인간형태학적 측면에서 과학적으로 통제하는 것이라고 설명하면서 그는 사고의 시간성 및 에너지의 사고 관련성을 구명하였다. 또한 J. H. Harvey의 3E(three E's of safety)로서 사고를 방지하고 안전을 도모하기 위하여 교육(education), 기술(engineering), 독려(enforcement)의 조치가 균형을 이루어야 한다고 주장하여 안전에 크게 기여하였다.

재해발생으로 인한 노동력 손실이 주는 영향은 새로운 인력 확보를 위한 노력의 손실과 교육훈련 등 여분의 경비(overhead cost)와 시간손실 발생으로 인한 유경험의 근로자 상실로 야기되는 기능 저하 및 근로자의 불안감에 의한 작업능률 저하 등이 생긴다고 할 수 있다. 그러므로 안전이란 용어는 인류 사회가 있는 한 항상 존재해야만 하는 필수불가결한 것으로 편안하고 안전한 상태라고 정의를 내릴 수 있다.

### 1. 1. 2 산업안전 용어

사고란 각종 산업체의 근로현장에서 발생한 재해의 단순한 신체적 상해 한계를 넘어 건강 장해를 가져 오는 모든 조건에서 생명 존중을 목적으로 한다고 할 수 있는데, Berckhoff는 '인간이 시간의 흐름 속에서 어떤 목적을 가지고 행동할 때 인간의 의지에 반대하여 일시적 또는 영구적으로 그 행동을 정지하려는 사건이다' 라고 했는데 한마디로 요약하면 원하지 않는 사건이라고 할 수 있다.

#### 1. 안전관리

안전관리(safety management)란 생산성의 향상과 손실의 최소화를 위하여 행하는 것으로 비능률적 요소인 사고가 발생하지 않는 상태를 유지하기 위한 활동, 즉 재해로부터 인간의 생명과 재산을 보호하기 위한 계획적이고 체계적인 제반 활동을 말한다.

#### 2. 안전사고

안전사고(accident)란 고의성이 없는 어떤 불안전한 행동이나 조건이 선행되어, 일을 저해하거나 또는 능률을 저하시키며 직접 또는 간접적으로 인명이나 자산의 손실을 가져올 수 있는 사건을 말한다.

#### 3. 재 해

재해(calamity)란 안전사고의 최종 결과인 인명의 상해나 재산상의 손실을 말하는 것으로 ILO에서는 사람이 물질 또는 그 작업방법 등에 의해서 상해를 입는 것을 뜻하며, 재해가 발생하면 여러 형태의 상해와 손실이 발생한다. 법상의 재해는 직업병과 상해를 통칭하며 인위적 재해(injury)와 자연적 재해(disaster)로 구분할 수 있다.

재해의 분류에는 통계적 분류와 상해 정도별 분류로 대별되어지며, 통계적 분류는 사망, 중상해, 경상해, 무상해 사고로 분류되고,

상해 정도별 분류는 사망, 영구 노동불능, 영구 부분노동불능, 일시 부분노동불능, 응급조치 상해로 분류된다.

재해가 분류되기 위해서는 재해분석을 통해 이루어지며, 재해분석을 상해, 사고, 가해물 및 직접원인과 간접원인으로 구분하여 조사해야 한다.

| 재해구분 | 재해형태별 | 재해원인별 기인물 |
|---|---|---|
| 공장재해 | 추락, 충돌, 비래, 낙하, 전도, 협착, 감전, 누출, 폭발, 붕괴, 접촉, 도피, 파열, 화재 | 기계, 기구, 설비, 원자재, 보호구, 공구, 시설 작업자 |
| 건설재해 | 추락, 충돌, 붕괴, 비래, 낙하, 낙반, 감전, 화재, 폭발, 파열, 협착 | 구축물, 크레인, 리프트, 데릭, 곤돌라, 중장비, 차량, 용접기, 사다리, 발판기계, 지보공, 거푸집 |
| 교통재해 | 차량접촉사고, 차량화재, 열차충돌, 전복, 탈선, 항공기 추락 | 차량, 교량, 사람, 도로, 전주, 항공기, 활주로, 조정사 |
| 광산재해 | 매몰, 추락, 폭발, 붕괴, 낙반, 도피, 화재, 운반차의 탈선, 충돌, 비래, 접촉 | 갱도, 갱차, 탐조등, 사다리, 차량, 보호구 |
| 공 해 | 대기오염, 수질오염, 토양오염 | 폐기물, 소음, 분진, 매연 |
| 도시화재 | 화재, 폭발, 기타 | 연료탱크 (기름, 가스), 연료기기, 배관 시설물 |
| 해상재해 | 화재, 충돌, 침수, 침몰, 폭발, 파초, 표류, 전복, 파열 | 연료, 조타, 기관, 스크류, 체인, 크레인, 기상조건 |

그림 1.1 재해분류 비교표

표 1. 1 상해 종류에 의한 분류

| 분류번호 | 분 류 항 목 | 세 부 사 항 |
|---|---|---|
| 1 | 골 절 | 뼈가 부러진 상태 |
| 2 | 동 상 | 저온물 접촉으로 생긴 동상 상해 |
| 3 | 부 종 | 국부 혈액 순환의 이상으로 몸이 퉁퉁 부어오르는 상태 |
| 4 | 찔 림 | 칼날 등 날카로운 물건에 찔린 상태 |
| 5 | 타박상(삠) | 타박, 충돌로 피부표면보다는 피하조직 또는 근육부를 다친 상해(삔 것 포함) |
| 6 | 절 단 | 신체부위가 절단된 상태 |
| 7 | 중독 · 질식 | 음식, 약물, 가스 등에 의한 중독이나 질식된 상해 |
| 8 | 찰 과 상 | 스치거나 물질러서 벗겨진 상해 |
| 9 | 베 임 | 창, 칼 등에 베인 상태 |
| 10 | 화 상 | 화재 또는 고온물 접촉으로 인한 상해 |
| 11 | 청 력 장 해 | 청력이 감퇴 또는 난청이 된 상해 |
| 12 | 시 력 장 해 | 시력이 감퇴 또는 실명이 된 상해 |
| 13 | 기 타 | 1~12항으로 분류 불능시 상해 명칭을 기재할 것 |

표 1. 2 재해발생 형태별 분류

| 분류번호 | 분 류 항 목 | 세 부 사 항 |
|---|---|---|
| 1 | 추 락 | 사람이 건축물, 비계, 사다리, 계단, 경사면, 나무 등에서 떨어지는 것 |
| 2 | 전 도 | 사람이 평면상으로 넘어졌을 때를 말함(과속, 미끄러짐 포함) |
| 3 | 충 돌 | 사람이 정지물에 부딪친 경우 |
| 4 | 낙하 · 비래 | 물건이 주체가 되어 사람이 맞은 경우 |
| 5 | 붕괴 · 도괴 | 적재물, 비계, 건축물 등이 무너진 경우 |
| 6 | 협 착 | 물건에 끼워진 상태, 말려든 상태 |
| 7 | 감 전 | 전기 접촉이나 방전에 의해 사람이 충격을 받은 경우 |
| 8 | 폭 발 | 압력의 급격한 발생 또는 개방으로 폭음을 수반한 팽창이 일어난 경우 |
| 9 | 과 열 | 용기 또는 장치간 물리적인 압력에 의해 파열한 경우 |
| 10 | 화 재 | 화재로 인한 경우를 말하며 관련 물체는 발화물을 기재 |
| 11 | 무리한동작 | 무거운 물건을 들다 허리를 삐거나 부자연스런 자세 또는 동작의 반동으로 상해를 입은 경우 |
| 12 | 이상온도접촉 | 고온이나 저온에 접촉한 경우 |
| 13 | 유해물접촉 | 유해물 접촉으로 중독이나 질식된 경우 |
| 14 | 기 타 | 1~13항으로 구분 불능시 발생형태를 기재할 것 |

표 1.3 직접원인
(물적 원인 : 불안정한 상태, 인적 원인 : 불안전한 행동)

| 분류번호 및 항목 | | 세 부 항 목 |
|---|---|---|
| (1) 불안전한 상태 (물적요인) | 1. 물체 결함 | •물체가 필요 사항으로 거치름, 미끄러움, 뾰족함 •물체(조감)<br>•원료 재료 불량 •기타 |
| | 2. 안전 · 방호장치 결함 | •안전 · 방호장치 미설치<br>•안전 · 방호장치의 미비<br>•안전 · 방호장치의 부적당<br>•기타 |
| | 3. 복장, 보호구의 결함 | •복장의 지정 결함<br>•필요 보호구 미배치<br>•보호구 필요 성능 미비<br>•기타 |
| | 4. 물체의 배치 및 작업장소 결함 | •기계장치 배열의 잘못<br>•작업 장소의 공간 부족<br>•전도 위험 등 작업 상면 불량<br>•기타 |
| | 5. 작업환경의 결함 | •부적당한 조명<br>•부적당한 온도, 습도<br>•과다한 소음 발산<br>•부적당한 배기 •기타 |
| | 6. 생산공정의 결함 | •위험작업임에도 조치 불비<br>•위험한 상황에 대비한 안전장치 불안전<br>•위험공정임에도 조치 불비<br>•부적당한 기계장치, 공구, 용구의 사용<br>•작업순서의 잘못<br>•기술적, 육체적 무리<br>•기타 |
| | 7. 경계표시, 설비 결함 | •경계구역의 불영역화<br>•경계표시 없음 •시건장비 미비<br>•기타 |
| | 8. 기 타 | •1~7항목으로 분류 불능시 기재하며 원인을 약술할 것 |

표 1.3 직접원인(계속)
(물적 원인 : 불안정한 상태, 인적 원인 : 불안전한 행동)

| 분류번호 및 항목 | | 세 부 항 목 |
|---|---|---|
| (2) 불안전한 행동 (인적요인) | 1. 위험장소 접근 | •추락할 위험이 있는 장소 접근<br>•전도 위험장소 접근 •협착한 장소 접근<br>•압력, 매몰 위험장소 접근<br>•비래 위험장소 접근<br>•폐쇄물 위험장소 접근<br>•위험물 취급장소 접근<br>•기타 경계표시가 있는 지역 등 |
| | 2. 안전장치의 기능 제거 | •기능제거 •동작장치 등 잘못 사용 •기타 |
| | 3. 복장, 보호구의 잘못 사용 | •보호구 미착용(보호구 미비로 미착용시는 불안전한 사용상태로 분류)<br>•보호구 착용 잘못 및 용도 착오<br>•지정 복장 미착용, 미준수 •기타 |
| | 4. 기계기구 잘못 사용 | •기계기구의 잘못 사용<br>•필요 기구 미사용 •미비된 기구의 사용 |
| | 5. 운전중인 기계장치 손질 | •운전중인 기계장치의 주유, 수리, 용접, 점검, 청소 등<br>•통전중인 전기장치의 주유, 수리, 용접, 점검, 청소 등<br>•가압, 가열, 위험물과 관련되는 용기 수리, 용접, 점검, 청소 등 •기타 |
| | 6. 불안전한 조작 | •기계장치의 과속 •기계장치의 저속<br>•기타 불필요한 조작 |
| | 7. 위험물 취급 부주의 | •화기, 가연물, 폭발물, 압력용기, 중량물 등 취급시 안전 조치 미비 •기타 |
| | 8. 불안전한 상태 방치 | •기계장치 등의 운전중 방치<br>•기계장치 등의 불안전 상태 방치<br>•적재, 청소 등 정리정돈 불량 •기타 |
| | 9. 불안전한 자세 · 동작 | •불안전한 자세(달림, 뜀, 던짐, 뛰어오름, 뛰어내림)<br>•불필요한 동작(장난, 잡담, 잔소리, 싸움)<br>•무리한 힘으로 중량물 운반 •기타 |
| | 10. 감독 및 연락 불충분 | •감독 없음 •작업시 지시 불철저<br>•경보 요인 •연락 미비 •기타 |
| | 11. 기 타 | •1~10항목으로 분류 불능시 기재하며, 원인을 약술할 것 |

## 4. 산업재해

산업재해(industrial losses)란 근로자가 업무에 관계되는 건설물, 설비, 원재료, 가스, 공기, 분진 등에 의하거나 작업 기타 업무에 기인하여 사망 또는 부상하거나 질병으로 이환되는 것을 말하며, 이는 통제를 벗어난 에너지의 광란으로 인하여 입은 인명과 재산의 피해 현상을 의미한다.

## 5. 안전사고와 부상의 종류

### (1) 중 상 해

부상으로 인하여 14일 이상의 노동손실을 가져 온 상해 정도로 보험 또는 당국에 의뢰해야 한다.

### (2) 경 상 해

부상으로 1일 이상 14일 미만의 노동손실을 가져 온 상해 정도로 응급조치가 가능한 찰과상, 타박상 등이 있다.

### (3) 경미상해

부상으로 8시간 이하의 휴무 또는 작업에 종사하면서 치료를 받는 상해 정도로 미끄러짐(slip), 넘어짐, 비래, 흡입 등이 있다.

## 6. 재해 정도의 국제적 구분

### (1) 사 망

안전사고로 입은 부상의 결과로 생명을 잃는 것을 말하며, 행방불명시는 발생한 날로부터 3개월이 경과하면 사망으로 인정한다.

### (2) 영구 노동불능 상해

부상 결과로 노동기능을 완전히 잃게 되는 부상으로 신체장해등급 제 1 급~제 3 급에 해당된다.

(3) 영구 부분노동불능 상해

부상 결과로 신체부분의 일부가 노동기능을 상실한 부상으로 신체 장해등급 제 4 급~제 14 급에 해당된다.

(4) 일시 부분노동불능 상해

의사의 진단으로 일정 기간 정규노동에 종사할 수 없으나 휴무 상해가 아닌 상해, 즉 일시적으로 가벼운 노동에 종사하는 경우

(5) 응급조치 상해

부상을 입어 치료를 받고 난 다음부터 정상작업에 임할 수 있는 정도의 상해

## 7. 공해와 사상

(1) 공 해

공해(pollution and injury for private business)란 자연환경을 인간 행위에 의하여 오염시키는 것으로서 공기오염, 수질오염, 토질오염으로 구분한다.

(2) 사 상

사상(injury private business)이란 어느 특정인에게 주는 피해 중에서 관이나 타인과의 계약에 의하지 않고 자신의 업무수행 중에 입은 상해로서 의료 및 기타 보상을 청구할 수 없는 것을 말한다.

## 8. 직업병

직업병(occupational disease)이란 직업의 특수성으로 인하여 발생하는 질병으로서 작업의 종류, 환경 및 작업방법의 불량으로 인하여 근로자의 건강을 해치는 것을 직업병이라고 한다.

### 9. 페일 세이프

페일세이프(fail safe)란 안전성을 설정할 때 기계보다 인간 측면의 안전성을 중요시해야 하며, 인간 또는 기계의 과오나 동작상의 실패가 있어도 안전사고를 발생시키지 않도록 2중 또는 3중으로 통제를 가하는 비상 안전장치를 말한다.

### 10. 안전, 보건표시

근로자의 안전 및 보건을 확보하기 위하여 위험장소 또는 위험물질에 대한 경고, 비상시에 대처하기 위한 지시 또는 안내, 기타 근로자의 안전, 보전 의식을 고취하기 위한 사항을 그림, 기호 및 글자 등으로 표시한 것을 말한다.

## 1.1.3 산업안전과 경영

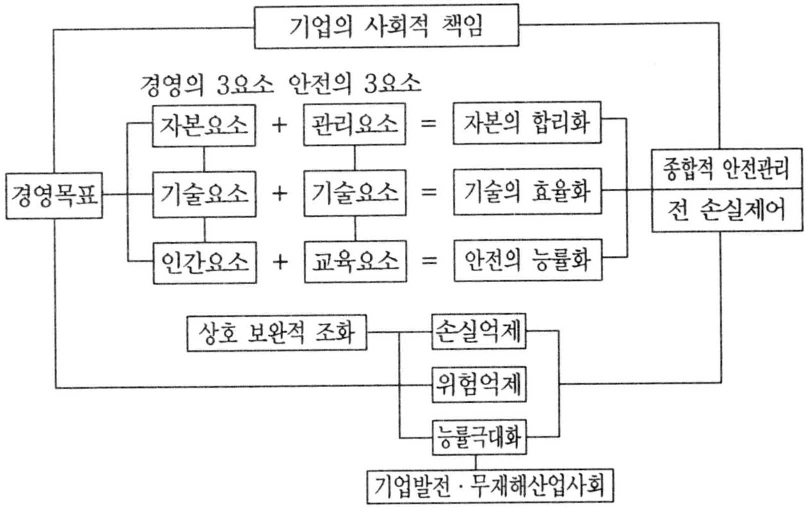


그림 1.2 안전경영의 종합적 가치 체계

경영이란 경영의 3요소인 자본(money), 기술(engineering), 인간(man)으로 구성되어 생산을 둘러싼 위험(risk)을 제거하고 이익을 확보하는 기술이다. 따라서 경영자는 '안전을 생산에 우선시켜야 한다' 라고 하는 안전관리의 기본 이념에 대한 확고한 인식이 있어야 하며 안전 우선이라는 것은 동시에 생산성 향상과 연결되며 품질개선에도 바람직한 영향을 미치게 하는 것이다.

경영의 3요소가 합리적으로 운용되기 위해서는 안전의 3요소인 교육(education), 기술(engineering), 독려(enforcement)의 요소가 뒷받침되어야만 원하는 안전경영이 이루어지는데 교육을 통해서 시정방법을 선정하고 기술적인 요소로 기계, 장비 및 시설의 불안전 요소와 개인기술의 미비점을 개선한 다음, 종업원 전원이 안전수칙과 규칙을 철저히 이행하도록 강요해야 한다.

안전과 경영의 조화는 함께 공존하는 것이며 상호 대치관계의 균형이 유지될 때 경영적 부가가치는 보장되고 증대되는 것이다. 1930년대 경제공황시기에 이미 경영적 차원에서 사업주에 의하여 안전이 비롯되었다는 사실을 직시할 때 이제는 안전 철학을 구심점으로 하는 새로운 안전정책의 정착이 2000년대 국민의 여망을 성취시키는 유일한 길이 될 것이다.

## 1.2 안전관리 조직

### 1.2.1 조직의 목적

안전관리에서 가장 기본적인 활동을 안전기구의 조직이라고 말할 수 있다. 안전관리조직이 편성되면 조직구성원들에게 안전관리 직무를 보장하고 책임을 부여하며, 또한 이것을 관리규정으로 정해야 한다.

조직구성시에는 구성원을 모두 참여시킬 수 있어야 하며 각 계층간에 종적, 횡적, 기능적으로 유대가 이루어져 조직의 기능을 충분히 발휘할 수 있어야 하는 구조여야 한다.

조직은 기업의 안전을 근본적으로 확보하고 책임있는 안전관리활동을 전개하여 조직적인 사고예방활동의 추진으로 모든 위험요소의 제거와 기술수준 향상 및 재해를 예방하고 감소시켜 단위당 예방비용의 절감을 목적으로 한다.

### 1.2.2 조직의 의무

조직의 효율성은 그 구성원이 기능을 발휘할 수 있도록 책임과 권한을 부여할 때 가능성은 커지는 것이며 각 계층간 조직의 의무는 다음과 같다.

1. 정부 의무

(1) 산업안전 보건정책의 수립, 집행, 조정 및 통제에 관한 사항
(2) 재해 다발 사업장에 대한 재해예방의 지원 및 지도에 관한 사항
(3) 안전보건에 관한 기계, 기구 및 설비 등의 안전성 확보와 개선에 관한 사항
(4) 유해 또는 위험한 기계, 기구, 설비 및 물질 등에 대한 안전보건상의 조치기준의 작성 및 지도, 감독에 관한 사항
(5) 안전보건의식을 고취하기 위한 홍보교육 및 무재해운동 추진에 관한 사항
(6) 안전보건을 위한 기술의 연구 개발 및 시설의 설치, 운영에 관한 사항
(7) 산업재해에 관한 조사 및 통계의 유지관리에 관한 사항
(8) 안전보건 기관단체 등에 대한 지원 및 지도, 감독에 관한 사항
(9) 기타 근로자의 위험 및 건강장해의 예방조치에 관한 사항

## 2. 사업주 의무

(1) 산업재해예방을 위한 기준의 준수
(2) 근로조건의 개선을 통하여 적절한 작업환경 조성
(3) 근로자의 생명 보존과 안전 및 보건의 유지와 증진
(4) 정부에서 시행하는 산업재해 예방시책에 협조

## 3. 근로자 의무

(1) 산업재해예방을 위한 기준 준수
(2) 사업주 기타 기관단체에서 실시하는 산업재해의 방지에 관한 조치, 즉 보호구 착용, 위험장소에의 출입금지, 안전규칙 준수

## 4. 책임자 의무

(1) 산업재해 예방계획의 수립에 관한 사항
(2) 안전보건 관리규정의 작성에 관한 사항
(3) 근로자의 안전보건교육에 관한 사항
(4) 작업환경의 측정 등 작업환경의 점검 및 개선에 관한 사항
(5) 근로자의 건강진단 등 건강관리에 관한 사항
(6) 산업재해의 원인 조사 및 재발방지대책의 수립에 관한 사항
(7) 산업재해에 관한 통계의 기록과 유지에 관한 사항
(8) 안전보건에 관련되는 안전장치 및 보호구 구입시의 적격품 여부 확인에 관한 사항
(9) 근로자의 유해 위험예방조치에 관한 사항으로서 노동부령이 정하는 사항

## 5. 관리자 의무

(1) 당해사업장의 안전보건 관리규정 및 취업규칙에서 정한 직무의 수행

(2) 방호장치, 기계, 기구 및 설비 또는 보호구 중 안전에 관련되는 보호구의 구입시 적격품의 선정
(3) 당해사업장 안전교육계획의 수립 및 실시
(4) 사업장 순회점검, 지도 및 조치의 건의
(5) 산업재해 발생의 원인 조사 및 대책 수립
(6) 법 또는 법에 의한 명령이나 안전보건 관리규정 및 취업규칙 중 안전에 관한 사항을 위반한 근로자에 대한 조치의 건의
(7) 기타 안전에 관한 사항으로서 노동부장관이 정하는 사항

### 1. 2. 3 산업안전보건위원회

#### 1. 법적 내용

상시 근로자 100명 이상의 사업장에서 구성하여야 하는데 위원은 관리책임자 1명, 산업보건의 1명이 필요하다. 안전관리자의 업무를 위탁한 경우에는 당해 대행기관의 해당 사업장의 안전관리담당자 1명, 보건관리자의 업무를 위탁한 경우에는 당해 대행기관의 해당 사업장의 보건관리담당자 1명 및 관리감독자 중에서 사업주가 지명하는 자 6명, 건설업의 경우에는 7명 이내, 근로자 대표가 노동조합원인 경우에는 당해 노동조합을 대표하는 1명 및 근로 대표자가 추천하는 근로자 9명 이내이며, 3개월에 1회 회의를 가지며, 직장안전보건위원회와 부안전 보건위원회로 구성된다.

#### 2. 유의사항

대상자의 전원 참석, 그리고 근무시간 내에 개최, 의제관계자료를 사전에 배포해야 하며 주의사항은 토의에 의해 결정된 사항은 속히 실행하되, 실행사항은 차기 회의시에 보고 및 기록 보존한다.

## 3. 심의사항

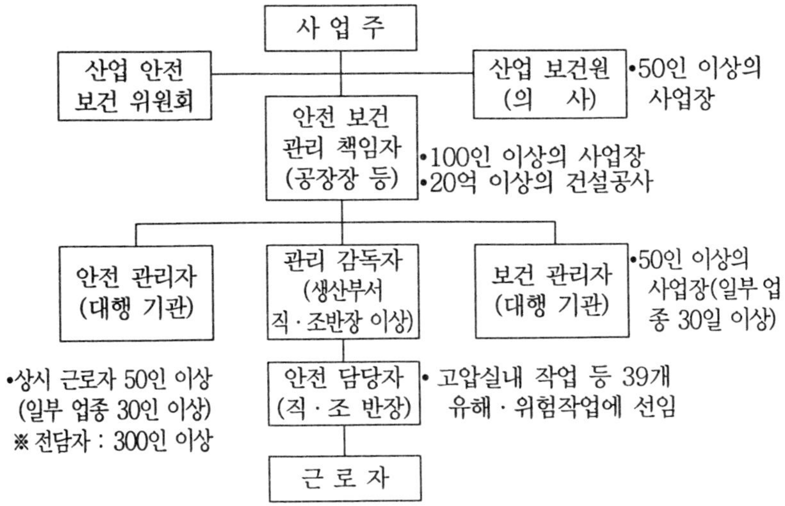


그림 1. 3 법상 안전보건 조직체계

산업재해 예방계획의 수립에 관한 사항, 안전보호 관리규정의 작성에 관한 사항, 근로자의 안전보건교육에 관한 사항, 작업환경의 측정 등 작업환경의 점검 및 개선에 관한 사항, 근로자의 건강진단 등 건강관리에 관한 사항, 산업재해의 원인 조사 및 재발방지대책의 수립에 관한 사항, 산업재해에 관한 통계의 기록과 유지에 관한 사항, 안전보건에 관련되는 안전장치 및 보호구 구입시의 적격품 여부 확인에 관한 사항, 안전규칙 및 보건규칙에서 정하는 근로자의 위험 또는 건강장해의 방지에 관한 사항 등이 있다.

## 4. 주지방법

안전관리자와 보건관리자의 지휘 감독에 관한 사항의 회의결과에 관하여 주지시키는 방법은 사업장 내의 게시판에 부착하는 방법과 사보에 게재하는 방법, 자체 정례조회시 집합교육에 의한 방법 등이 있다.

## 1.2.4 조직의 형태

안전관리를 효율적으로 추진하기 위해서는 조직의 체계적인 방침이 없이는 불가능하다. 몇 가지 조직 중 어떤 조직을 편성해야 적절한 것인가를 그 사업장의 종류나 특성 및 규모와 안전수준의 정도에 따라 다르게 편성해야 한다. 일반적으로 안전관리조직에는 크게 직계형(line type), 참모형(staff type), 계선참모형(line-staff type) 등의 3가지 유형으로 분류할 수 있다.

### 1. 직계형

직계형(line type)은 계선식 조직으로 100명 미만 사업체에 적용되며 안전문제의 계획에서 실시까지 생산지시와 병행하여 생산라인을 따라 전달, 감독되는 방식으로서 안전지시와 조치가 철저히, 또 빠르게 전달된다. 그러나 전문적인 지식과 기술이 부족하여 직장의 실태에 즉각 대응하는 대책수립이 어렵다는 단점이 있다.

### 2. 참모형

참모형(staff type)은 100~1,000명인 사업체에 적용되며, 회사 내에 별도로 안전활동 전담부서를 두는 방식으로서 안전참모진에서 안전에 관한 전문지식, 기술개발이 용이하다는 장점이 있으나 스태프가 생산업무에 직접 관여할 수 없기 때문에 라인의 감독자, 관리자들이 안전보건에 관하여 이해가 부족시 안전지시가 라인에 침투되지 못하는 단점이 있다.

### 3. 계선참모형

계선참모형(line-staff type)은 직계형과 참모형의 혼합형으로 1,000명 이상인 업체인 대기업에 적용되는 형태로서 안전보건업무를 전담하는 참모진을 별도로 두고, 또 생산라인에는 그 부서의 장으로 하여금 계획된 생산라인의 안전관리조직을 통해서 시행하게 하는 방식이다.

참모진의 계획 이외에도 생산라인 자체의 자율안전관리, 연구, 조사, 교육 훈련 등이 가능하며, 조직원 전원을 자율적으로 안전활동에 참여시킬 수 있다는 장점이 있다.

위의 안전 조직의 특성을 보다 상세히 열거하면 표 1.4와 같다.

표 1.4 안전조직의 특성

| 조 직 | 장 점 | 단 점 | 비 고 |
|---|---|---|---|
| 1. 직계형 (line) | •안전실시의 지시는 명령계통으로 철저히 쉽게 신속히 전달, 결정, 실시됨.<br>•중소기업 활용 | •안전전문입안이 되어 있지 않아 내용이 빈약함.<br>•안전의 정보가 불충분함.<br>•라인에 과중한 책임이 발생 | •라인관리자는 안전을 배려한 생산계획, 작업계획을 작성하여 실시할 것 |
| 2. 참모형 (staff) | •안전전문가가 안전계획을 세워 전문적인 문제해결방안을 모색하고 조치함.<br>•경영자의 조언과 자문역할<br>•안전정리수집이 빠름. | •생산부문에 협력하여 안전명령을 전달·실시하므로 안전과 생산을 별개로 취급하기 쉬움.<br>•생산부문은 안전에 대한 책임과 권한이 없음. | •관리기호 커뮤니케이션이 원활하도록 함. |
| 3. 계선 참모형 (line-staff) | •안전전문가에 의해 입안된 것을 경영자의 지침으로 명령, 실시토록 하므로 정확, 신속함.<br>•안전입안계획 평가조사는 스태프에서, 생산기술의 안전대책은 라인에서 실천됨. | •명령계통과 조언, 권고적 참여가 혼동되기 쉬움. | •라인식과 스태프의 결점보완방식으로 대기업에서 활용 |

# 제 2 장 재해발생과 예방

## 2.1 재해발생 이론

재해발생은 근로자가 작업을 시작하여 시간이 경과함에 따라 인간과 환경 및 기계 중 어느 하나가 잘못되어 일어나는 현상으로 인간, 환경, 기계를 재해발생의 3대 요소라 하는데, 본절에서는 대표적인 학자들의 이론들을 소개하고자 한다.

### 2.1.1 H. W. Heinrich 이론

Heinrich 이론은 사고발생의 연쇄성을 강조한 도미노(domino)이론으로서 산업재해의 발생은 언제나 사고 요인의 연쇄반응(sequence)의 결과로서 초래되며, 사고의 발생은 항상 불안전한 행동 또는 불안전한 상태에 기인되는 것이며, 대부분의 사고책임은 불안전한 인간의 행동에 기인된다는 것이다.

불안전한 행동에 기인된 노동불능상해와 사고로 고통을 받는 사람은 대개의 경우 300번 이상 불안전한 행동을 하여 재해를 가까스로 면한 사고의 반복자들이라고 말할 수 있으며, 상해의 강도는 우연성이 크지만 재해를 수반하는 사고의 대부분은 방지할 수 있다는 것이 Heinrich의 주장이다. 특히, 사고예방 중심문제로서 제3의 요인인 불안전한 행동(unsafe act)과 불안전한 상태(unsafe condition)의 중추적 요인의 배제에 중점을 두어야 한다는 것을 강조하고 있다.

사고발생 과정을 정리 설명하면 다음과 같이 요약되어진다.

①재해 [사회적 환경 / 유전적 요소] → ②개인적인 결함 → ③ [불안전한 행동 / 불안전한 상태] → ④사고 → ⑤재해

기초원인 (간접원인) | 2차원인 | 1차원인 (직접원인)

표 2.1 재해발생 계열별 요인

| 재해요인 (accident factors) | 요인의 설명(explanation of factors) |
|---|---|
| 1. 유전적 요인 및 사회적 환경 | 무모, 탐욕, 기타 성격상의 바람직스럽지 못한 특징은 유전에 의해서 생길지도 모르며, 환경은 성격상의 바람직스럽지 못한 특징을 조장하고, 교육을 방해할 수 있음. 유전 및 환경은 함께 인적결함의 원인으로 발생함. |
| 2. 개인적 결함 | 무모, 신경질, 무분별, 안전수단에 대한 무지 등과 같은 선천적 또는 후천적인 인적 결함은 불안전 행동을 일으킴. |
| 3. 불안전 행동과 또는 기계적, 물질적 위험성 | 경보 없이 기계를 움직이거나 덤벙댐. 그리고 안전장치를 제거하는 것과 같은 인간의 불안전행동, 또 방호되어 있지 않은 톱니, 방호되어 있지 않은 작업점, 불충분한 조명 등과 같은 기계적 또는 물질적 위험성은 직접적으로 사고의 원인으로 된다. |
| 4. 사　　고 | 사람의 추락, 비래물에 대한 타격 등과 같은 사상은 상해의 원인 |
| 5. 상　　해 | 좌상, 열상 등 직접적으로 사고로부터 생기는 상해 |

도미노이론에서 가장 중요한 것은 불안전한 행동과 불안전한 상태로서 직접적인 사고원인이 된다. 여기서 불안전한 행동의 원인으로는 생리적 원인, 심리적 원인, 교육적 원인, 환경적 원인으로 나누어지며 불안전한 상태란, 주로 물리적인 요소로서 환경 및 조건으로 크게 대별할 수 있다. 즉, Heinrich이론을 요약하면 다섯 가지 사고발생과정 중 어느 하나라도 제거하면 사고까지 연결되지 않는다는 것이다.

Heinrich는 '재해구성비율은 사고의 결과를 상해 재해구성비율 1 : 29 : 300의 법칙으로 설명하면서 안전사고 330건 중 중상이 나올 확률은 1건, 경상이 29건, 무재해사고는 300건이 발생할 수 있다' 라고 주장하였다. 그러나 ILO 통계분석은 1 : 20 : 200의 통계치를 보여 주었다.

## 2. 1. 2 Frank Bird's 이론

Bird's의 연쇄이론은 사고발생과정을 5개의 손실제어요인이 연쇄반응을 일으키면서 상해가 발생된다는 것으로 상해가 발생되기 전에 사고가 먼저 일어났고, 사고가 일어나기 전에 직접원인이 나타났으며, 또한 직접원인은 기본원인에 의해, 기본원인은 통제부족에 의해 야기된다는 것이다.

### 1. 통제의 부족

안전관리를 원활하게 추진하기 위해서는 우선 관리자가 안전관리의 계획내용 중 전문적 관리의 원리(tenets of professional management)를 충분히 이해해야만 하는데, 전문적 관리란 계획, 조직, 지도, 통제의 네 가지 기능을 말한다.

여기서, 통제에 관한 부족은 관리결함으로서 경영자, 안전관리자 등 안전감독기관이 안전에 대한 제도, 조직, 지도, 관리 등을 소홀히 하는 것을 의미한다. Bird's가 강조한 관리적 요인은 재해발생의 기본원인이며, 사고는 인간의 과오로 인하여 발생한다는 것이 Bird's의 제1단계 이론이다.

### 2. 기본원인

이 단계는 원인론으로서 고도로 신뢰할 수 있는 시스템은 존재 불가능하므로 재해 또는 사고의 기본적 또는 배후적 요인, 즉 개인적 또는 작업에 관련된 요인이 존재하는 단계이다. 여기서 기본원인은 간접원인을 말하며, 이 기본원인이 잘못되면 3단계 원인인 직접원인으로 연결된다.

원인론은 문제의 원인을 취급하는 것으로서 기본적 또는 배후적 원인과의 적절한 관계 부여를 통하여 근원으로 되는 원인을 발견하는 제2단계이론이다.

### 3. 직접원인

직접원인은 불안전한 행동 또는 불안전한 상태를 말하는 것으로 Heinrich의 연쇄이론에서도 재해의 연쇄 가운데서 가장 중요한 것으로 취급되어 온 요인이다.

징후만을 추구하고 기초가 되는 문제를 확인하지 않는 경우에는 연속적인 재해예방에 대한 가능성이 희박하게 된다. 따라서 계속적인 제어를 위해서는 먼저 징후를 효과적으로 발견하고 그 징후의 배경이 된 기본적 원인을 규명하여 조치하는 것이 제3단계이론이다.

### 4. 사 고

사고란 육체적 손상, 상해, 재해의 손실에 귀결되는 바람직스럽지 못한 사상으로 사고를 신체 또는 구조물의 구분치를 넘어선 에너지원과의 접촉 또는 정상적인 신체의 작용을 저해하는 물질과의 접촉이라고 할 수 있다. 연쇄이론에 있어서의 사고는 접촉의 단계로 제4단계이론이라고 말할 수 있다.

5. 상　　해

재해연쇄의 요인 속에서 사용되는 상해라는 말에는 작업장소에서 생기는 정신적, 신경적 또는 육체적인 영향과 함께 외상적 상해와 질병의 양자를 포함하는 인간의 육체적 손상을 포함하고 있다. 이론을 요약하면 사고는 인간의 과오 때문에 발생하므로 사고발생 5단계 중 어느 단계라도 잘못되면 상해와 손실이 발생한다는 제 5 단계이론이다. 또한 Bird's는 재해의 구성비율을 Heinrich의 법칙보다 세부적으로 중상 1, 경상, 즉 물적 또는 인적 상해 10, 무상해사고 물적 손실 30, 무사고 고장인 위험순간 600의 비율로 사고가 발생한다는 이론을 주장하였다.

## 2. 1. 3 Edward Adams 이론

Adams는 Bird's의 이론과 비슷한 사고연쇄이론을 발표했는데, Bird's의 사고연쇄에 관리 잘못의 개념을 도입하였다.

이 이론의 중요한 공헌은 불안전 행동과 불안전 상태에 주목하여 전술적 과오를 제창하였고, 이 과오의 기초가 되는 원인을 재정의하였다는데 있다. 즉, 경영조직상의 과오는 관리자나 감독자의 운영상의 과오를 야기시키며, 이것은 다시 작업자의 전술적 과오를 일으킨다는 것이다.

이 관리이론에서는 재해의 직접원인을 전술적 에러라고 개칭하였다. 이 관리이론은 전술적 과오의 기초가 되는 원인이 관리자나 감독자에 의해서 만들어진 작전적 에러로부터 야기된다고 주장하였다. 이러한 것은 감독자에 의해 행해진 관리적 잘못이나, 또는 관리자에 의해 잘못 행해진 의사결정이라면 관리의 본질에 영향을 미치기 때문에 전략적 과오가 있다. 이러한 작전적 과오는 그 조직의 목적, 작업이 조직되는 방법, 작업이 계획되고 수행되는 방법에서 유래한다. 이런 것들은 관리조직의 불변의 요소이며, 조직의 개성을 결정한다고 하는 관리구조를 그는 주장했다.

## 2.1.4 D.A.Weaver 이론

Weaver는 작전적 과오의 개념을 설명하였는데, 사고와 상해를 초래하는 전술적 과오는 바람직스럽지 못하고 예기치 못했던 결과를 야기하며, 사고 및 상해가 이에 속한다고 주장했다.

이 이론은 사고원인과 시정방법을 찾기 위해 두 가지의 개념을 결합하는데 작전적 과오와 징후의 개념을 도미노연쇄의 형태에 적용한다는 것이다. 이 적용은 불안전한 행동과 상태 뿐만 아니라, 사고와 상해는 모두 작전적 과오의 징후라는 원리이다.

불안전한 상태, 불안전한 행동, 잘못된 장비, 결함 있는 기계의 배치 등 사고의 원인이 된 요인 뒤에는 정책순서, 조직구조, 의사결정, 평가, 관리, 행정 등의 작전적 과오가 반드시 있게 되는데, 안전기술의 활용 및 시정조치의 이행은 불안전한 행동과 상태를 명확히 함으로써 제거할 수 있다고 하였다.

Weaver는 어떤 것이 불안전한 행동 및 상태인가를 질문하고, 기술적 차원에서의 해답을 얻고, 그리고 왜 불안전한 행동이나 상태가 허용되었는지, 관리감독자가 사고예방을 위한 지식을 가지고 있었는지의 여부를 물어봄으로써 작전적 과오를 명백하게 한다. 이 이론은 무엇이, 왜, 그러한지, 아닌지의 과정(what-why-whether process)을 도표로 나타낼 수 있다.

Whether의 질문은 정황에 적용될 수 있는 법률, 규칙 및 기준이 알려져 있었는지, 안전 관련자는 그것을 알고 있었는지, 위험성은 처음부터 미리 확인되고 있었는지, 조직은 도움이 되는 안전기술의 지식을 가지고 있었는지를 질문한다.

Why의 질문은 왜 정보가 효과적으로 탐색되지 않았는가, 또는 왜 그것이 효과적으로 사용되지 못했는가를 질문한다. 이런 질문은 관리정책, 목표의 혼동, 인사배치, 정비, 책임, 권한의 활용, 라인과 스태프의 관계, 임무, 규칙, 기타 많은 분야에 있어서 작전적 과오를 명확히 하여 재해를 예방하게 한다는 이론이다.

### 2. 1. 5 Michael Zabetakis 이론

Zabetakis는 재해의 원인과 결과에 대한 이론을 제안하였는데, 이 이론은 직접원인은 과도한 양의 에너지 및 위험한 물질의 예기치 못한 이탈이라는 생각을 도입하여 재해가 에너지의 예기치 않는 이동 또는 이탈에 의해서 생긴다는 생각으로 현재에 이르러서는 많은 인과이론의 일부로 되어 있다.

Zabetakis는 대다수의 사고는 실제로 기계적, 전기적, 화학적, 열적, 방사선 등의 노출 또는 위해물, 유해물의 예기치 못한 이탈이 직접 원인이 되어 발생한다고 주장했다. 이탈은 불안전 행동이나 불안전 상태에 의해서 생기며, 사고의 근본 원인은 안전정책과 결정, 개인적 요소, 환경적 요소의 세 가지로 구분하였다.

### 2. 1. 6 Bob Firenze 이론

Firenze의 사고발생모델은 사고의 시스템모델이론으로서 모든 노동자는 인간 - 기계 시스템(man-machine system)이라 하는 네트워크(network)의 한 부분으로서 일을 하고 있는데 그 시스템은 물리적인 장치와 사람과 환경으로 되어 있고, 제품이나 과업의 성취를 이룩하도록 설계되어 있다고 주장하였다.

이 시스템에서 기대하였던 결과가 가끔 얻어지지 않는 것은 인간이 기계 및 환경시스템 속에서 유효하게 상호작용을 하지 못했기 때문이라고 하였으며 어떤 때에는 전 시스템이 파국으로 빠지게 되는 경우도 일어난다고 하였다.

인간은 간혹 건전한 의사결정을 내리지 못하여 사고를 저지르는데, 그것은 인간이 안전을 도모하기 위한 정보를 제때에 입수하지 못하기 때문이며, 정보가 정확하고 양질일 때에는 위험이 정량적으로 판별이 되어 과학적인 예측이 가능하게 된다고 주장하였다.

그는 인간시스템에만 집착하지 말고, 기계나 환경시스템이 불안전하면 사람으로 하여금 안전한 행동을 할 수 없게 만들 수도 있으므로 사고의 원인관계는 시스템에 영향을 미치는 모든 요인을 고찰하여 문제가 되는 요인을 제거함으로써 안전을 도모할 수 있다고 주장하였다.

## 2. 1. 7 Hugh Douglas 이론

Douglas는 계단단계 모형(stair cause and effects sequence)의 내용은 일련의 논리적 단계를 따른다라고 주장하였다.

모든 활동은 목적 혹은 목표를 달성하기 위해 수행되는데, 활동에는 항상 허용 상한과 하한이 존재하며, 특히 그 하한은 개인적인 판단, 여론의 일치, 시장 요구, 사회적 · 정치적 가치를 만족시킬 안전의 요구, 법률적 요구 등에 의해 좌우된다고 하였다.

이렇게 설정된 허용하한 이하로 활동하게 되는 경우에는 자원의 낭비를 초래하며 몇 단계를 걸쳐 결국에는 개인적 불이익, 단체의 손해, 사회적 손실 등의 결과를 낳는다는 이론으로서 전 7단계로 구성되어 있으며, 그림 2. 9에 그것을 나타내었다.

## 2. 1. 8 Petersen 이론

Petersen은 안전수행의 한 모델인 자극보상만족 모델을 개발하였는데, 이 이론은 고용모델에 있어서 고용인의 안전수행은 동기부여의 수준과 수행하려는 사람의 능력에 의존하며, 능력은 선택과 훈련의 함수로서 조직의 분위기와 형태같은 것에 의존한다고 주장하였다. 또한 그 자신의 개성에 따라 하고 있는 작업의 흥미, 작업 유인 요소들, 그의 동배그룹(peer group) 등에 의해서 수행된 작업에 대해 만족의 수준에 영향을 주며 보상이 생긴다고 하였다. 이러한 보상은 그 자신의 느낌으로부터 오는데, 이러한 보상은 서로 비교하여 다시 작업을 수행하기 위한 자극이 충분히 부여될 것인지 아닌지에 결정된다고 주장하였다. 즉, 작업의 만족도를 얻을 수 있는 자극적인 요소를 제공해야만 사고를 예방할 수 있다는 이론으로 그림 2.1과 같다.

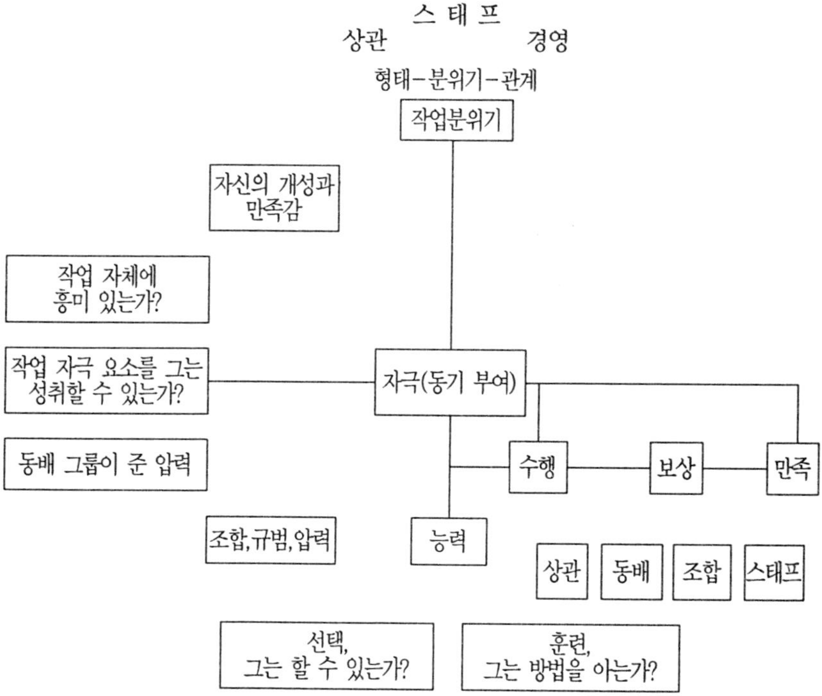


그림 2. 1 Peterson 이론

## 2. 1. 9 Russell Ferrell 이론

Ferrell 이론은 사고와 원인관계, 즉 인간 실수가 되는 하나 또는 그 이상의 결과로서 모든 사고가 된다는 것이다. 또한 인간의 잘못은 인간의 능력에 맞지 않는 과부하가 자극이 되어 일어나고 지배받는 근본적인 상황, 부적당한 반응 등의 방법 미숙이나 위험한 상황에서의 행위, 부적합한 행동 등에 의해 야기된다고 주장하였다.

과부하상태에 있어서 역량과 부하의 불일치

| – 부하 – | | – 역량 – | – 상태 – |
|---|---|---|---|
| 업무 | •신체적 | 선천적 재능 | 동기부여 수준 |
| | •정보처리 | 신체적 상태 | 각성 수준 |
| 환경 | •조명 | 마음 상태 | |
| | •소음 | 마약–오염물질 | |
| | •주위산만 | 압 박 | |
| | •스트레스 | 피 로 | |
| 정신 | •근심 | 반응력 | |
| | •감정적 스트레스 | 손상을 가져오는 stressor | |
| 상황 | •목표나 판단기준의 애매모호 | | |
| | •위험 | | |

| – 상반성(相反性) – | |
|---|---|
| 자극 – 반응 | 반응 – 반응 |
| •통제 표시장치 | •일치하지 않는 관리 형태나 배치 |
| 자극–자극 | 작업장 |
| •일치하지 않는 표시장치 | •크기 |
| | •힘 |
| | reach•느낌 |

| 부적합한 활동들 | |
|---|---|
| 알지 못했음 | |
| 고의적으로 위험을 선택 | •낮게 인식된 사고의 확률 |
| | •낮게 인식된 사고의 비용 |

그림 2. 2 Ferrel 모델

이것은 기본적으로 인간요소모델이기 때문에 인간 과오에 더욱 큰 비중을 두는데, 과부하는 부하의 근원 요소인 과업부하, 환경적 부하, 내적인 부하, 지위적 부하를 고찰함으로써 조사되어질 수 있으며, 부하의 근원은 능력의 근원에 비교될 수 있다고 하였다. 이러한 개인의 자연적 재능, 신체적 상태, 마음의 상태, 훈련 정도, 마약이나 오염물질의 영향이 있는지 없는지, 스트레스의 정도, 그리고 피로 등에 의해서 연쇄적으로 사고가 발생하므로 이 원인을 제거하는 것이 재해예방의 지름길이라고 주장하였다. 이는 모두 한 사람이 특정한 각성과 지각상태에 있을 때 발생한다고 주장하였다.

## 2. 1. 10 Willard Verr 이론

Verr는 합리적으로 얻을 수 있는 목표를 설정했는데, 전형적으로 높은 품질의 작업수행일수록 사고가 낮아진다는 이론을 제안했다.

이 이론은 사고를 단순히 낮은 질의 작업행동으로 간주하고 품질의 수준을 높이는 것은 경계의 수준을 높이는 것을 포함하며, 그리고 높은 경계는 보상되는 심리학적 분위기로 유지될 수 있고 보상기회가 많으면 많을수록 경계 수준이 높아지고, 작업 질의 수준이 높아지며, 사고의 확률이 낮아진다는 것이다.

이 이론은 목표자유경계이론(the gools freedom alertness theory)으로 불리어지며 모든 이론가로부터의 현재의 조직심리학적 이론과 매우 잘 조화된다고 할 수 있는데, 작업자의 심리적 상태를 이용하여 사고를 예방하자는 이론이다.

## 2. 1. 11 기타 이론

1. Suchman 모형

유행병학적 모델로서 재해발생을 병원군에 의한 일종의 질병이라고 파악하여 발생과정과 특정한 환경적 경험 사이의 원인적 연관성을 규명하는 연구방법모형이다.

사고현상은 위험감수와 위험발생을 내포한 상황에서의 행동이며, 그리고 환경요인들의 상호작용에 의해 결과를 예측할 수 없는 비의도적인 행동이라고 설명하였다.

| 소인적 특성 ──── | 상황적 특징 ──── | 사고 상태 ──── | 사고 결과 |
|---|---|---|---|
| 민감한 숙주 | 위험 내포도 | 예측하지 못했던 사고 | 상해(injury) |
| 위험한 환경 | 실수의 예상 평가 | 피할 수 없는 사고 | 손실(damage) |
| 상해발생 원인 | | 비의도적인 사고 | |

## 2. Surry 모형

Surry는 Suchman의 유행병학적인 모형으로부터 유래하는 한 사고원인을 개발하였다. 이 모형은 두 유사한 순서를 가진 3단계를 가지고 있다. 먼저 위험한 상태는 안전상태를 파괴하고 위험은 그로 인한 상해나 손실을 방출한다. 그는 인간행동을 두 가지로 분류했다. 그 모델은 다음 그림에 나타나 있다. 첫 단계는 인간의 공간과 시간을 포함하는 전체적 환경이다. 인간의 행동, 비행동에 의해 위험은 일어난다고 가정하고 만약 위험형성순환이 되는 동안 어떤 부정적인 반응이 일어난다면 그 위험은 절박하게 된다. 만약 모든 반응이 긍정적이라면 위험은 커지지 않을 것이고 어떠한 상해도 일어나지 않을 것이다. 유사한 문제가 위험방출순환에서도 주어지고 이 문제 중의 하나에 대한 부정적인 반응은 불가피한 상해를 이끌 것이다.

## 3. Ball 모형

일찍이 우리는 사고원인과정의 필요한 부분으로 에너지방출의 개념을 도입했다. NASA의 전 안전감독관인 Ball은 이 개념에 근거한 인과모형을 도입했다. 그것은 다음 그림과 같으며, 그의 이론은 모든 사고는 재해에 의하며, 모든 위험은 에너지를 포함하고 있는데 파괴적인 에너지 소스를 포함하는 데 기인하거나 중요한 에너지의 필요에 대한 결핍에 기인된다고 하는 것이다. 이 모형은 위험의 정의에 대해서 가장 유용하다.

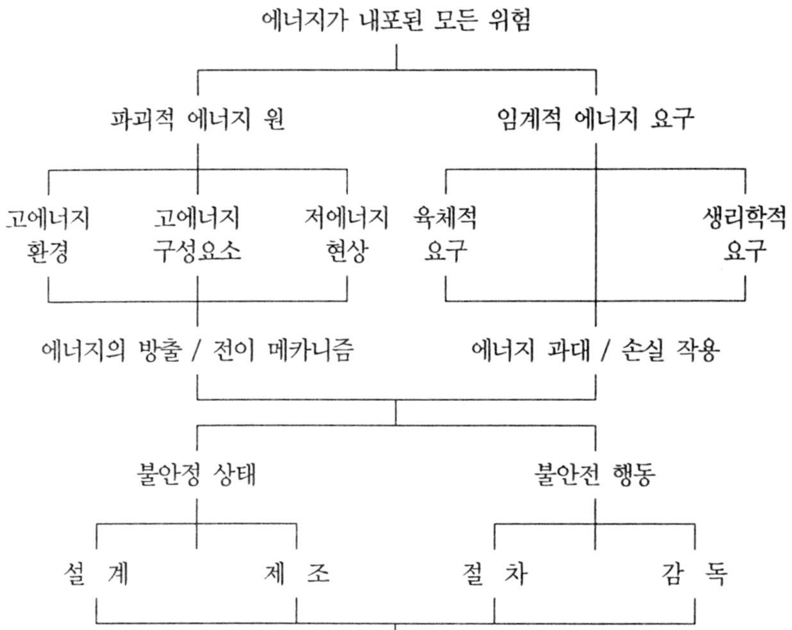


그림 2. 3 Ball의 모델

## 4. Mayo 이론

이 이론은 호손공장에서 이루어진 실험으로 산업심리학적 연구가 행해졌다. 이 실험이 행해지는 기간 중 공장 근로자들의 근로의욕은 높았고, 근로자들은 전체적으로 경영자나 회사측에 신뢰를 가지고 있었으며, 실험 자체도 근로자의 모랄을 측정하자는 것이 아니고, 종래까지의 노동생리학이나 산업심리학의 기법을 써서 산업능률을 테스트해 보자는 데 주안점을 두었던 것이다. 즉, 환경적 조건과 생산능률과의 관계, 작업적 조건과 생산능률과의 관계 등을 조사하는 일이었다. 이 결과 종래 공식적으로 생각하고 있던 환경적, 작업적 조건과 생산능률과의 관계가 잘못되었다는 것이 입증되었다. 따라서 호손실험의 결과를 요약하면 다음과 같다.

첫째, 생산능률은 근로자의 태도나 감정에 의하여 크게 의존하고 있다. 즉, 작업의 난이도, 작업의 물리적 조건, 작업시간과 환경, 어떤 경우에는 임금이나 복지보다도 종업원이 자기의 작업, 작업동료, 상사, 회사 전체에 대하여 지니는 태도나 감정이 생산능률에 큰 영향을 준다는 것이다.

둘째, 근로자의 태도나 감정은 그들이 처해 있는 직장 내의 분위기와 밀접한 관계가 있으며, 그들이 자기가 속하고 있는 집단의 행동양식이나 사고방식과 깊은 관계가 있을 때가 많고 상사의 감독, 지도방침이나 행동에 따라 근로자의 태도나 감정, 신념은 크게 변할 수 있다는 것이 판명된 것이다.

### 5. 생활변화 단위이론

많은 사람이 사고책임은 생활변화에 따라 달라지며, 여러 계획이 사고를 예견할 수 있는 상황인지를 측정하고 측량하기 위해 개발되었는데 이 개념은 사고반복자를 설명하는 데 도움을 줄 수 있다.

표 2.2 생활변화 단위표

| 순위 | 생활의 사건 | 평균치 | 순위 | 생활의 사건 | 평균치 |
|---|---|---|---|---|---|
| 1 | 배우자의 사망 | 100 | 23 | 출가한 자녀 | 29 |
| 2 | 이혼 | 73 | 24 | 법적 문제 | 29 |
| 3 | 별거 | 65 | 25 | 현저한 개인의 성과 | 28 |
| 4 | 투옥 | 63 | 26 | 맞벌이의 시작 또는 중단 | 26 |
| 5 | 가족사망 | 63 | 27 | 입학과 졸업 | 26 |
| 6 | 신체의 상해 또는 병 | 53 | 28 | 생활상태의 변화 | 25 |
| 7 | 결혼 | 50 | 29 | 습관의 교정 | 24 |
| 8 | 해고 | 47 | 30 | 상사와의 문제점 | 23 |
| 9 | 부부의 화해 | 45 | 31 | 작업시간과 상태의 변화 | 20 |
| 10 | 퇴직 | 45 | 32 | 이사 | 20 |
| 11 | 가족의 건강 변화 | 44 | 33 | 전학 | 20 |
| 12 | 임신 | 40 | 34 | 여가의 변화 | 19 |
| 13 | 성생활의 문제점 | 39 | 35 | 교외(郊外)활동의 변화 | 19 |
| 14 | 출산 | 39 | 36 | 사회활동의 변화 | 18 |
| 15 | 사업재정의 조정 | 39 | 37 | 수만 달러 이하의 대여 및 저당 | 17 |
| 16 | 재정상태의 변화 | 38 | 38 | 수면습관의 변화 | 16 |
| 17 | 친구의 사망 | 37 | 39 | 가족모임 | 15 |
| 18 | 직업의 전환 | 36 | 40 | 식성 변화 | 15 |
| 19 | 부부싸움 횟수의 변화 | 35 | 41 | 방학, 휴가 | 13 |
| 20 | 수만 달러의 저당 | 31 | 42 | 크리스마스 | 12 |
| 21 | 저당의 취득권 상실 | 30 | 43 | 소수에 대한 법의 폭력 | 11 |
| 22 | 작업임무의 변화 | 29 | | | |

## 6. 결정모형

위험은 인간의 행동 혹은 비행동으로부터 유발되며, 각 단계의 진행중 인간의 의사 결정이나 판단 여하에 따라 무손실 혹은 상해 등의 재해결과가 정해진다는 이론이다. 인간의 행동 이면에 잠재하는 공통의 속성을 파악하여 인간의 행동을 설명하고, 그 요인들을 관리함으로써 대상작업자로부터 원하는 행동결과를 얻을 수 있다는 심리적인 이해방법이다.

## 2. 1. 12 Huh 이론

종전의 이론들은 수동화설비에서 다루어졌던 내용으로서 오늘날의 자동화설비, 즉 생산기계의 발전, 수동, 자동, 수치제어 부착기계, 컴퓨터 단일 부착기계, 라인 자동화의 복합기계, 컴퓨터 통합생산 시스템의 발전으로 인하여 생산 및 작업환경의 변화, 즉 인간-기계체계(man-machine system)에서 단일, 복합, 통합 인간-컴퓨터 체계(man- computer system)로, 소품종 다량 생산에서 다품종 소·중·다량 생산으로의 복잡한 생산환경의 급속한 변화를 가져온 현시점에서 종전의 이론들이 현실성에 위배되는 요인들이 많이 존재하는바 허성관은 종전의 이론을 다섯 가지 요인으로 수정하여 제시하였다.

특히, 종전 이론의 대표적인 것들은 연쇄적 이론에 의해서 재해가 발생한다고 하였다. 그러나 허성관 이론은 현재 산업체의 추세가 소품종 다량에서 다품종 소량생산으로 옮겨가는 자동화 범용설비가 도입, 가동되고 있어 어느 한 요인이 불비하더라도 재해가 발생할 수 있으며, 다른 요인들과 복합되어서도 재해가 발생할 수 있다는 이론으로서 새로운 요소의 위험이 생기게 되며 이에 대한 피해는 종래의 기계화 시대보다 증가한다고 할 수 있으며 재해요인의 내용을 살펴보면 다음과 같다.

### 1. 심리적 요인

인사관리 측면에서 직무분석의 방법기술, 직업적성 및 적성검사법에 따른 근로자의 선발배치, 교육훈련, 근로자의 육성 미비, 자동화로 인한 작업내용의 다양화, 작업의 연계성, 공정의 재편성, 기능의 다양성, 작업수행의 자율성, 작업자 및 감독자의 재교육, 업무의 정확성, 업무의 중요성, 직무수행의 질적 확대 등 작업자의 심리적인 불안으로 재해가 발생될 수 있다.

## 2. 기계적 요인

자동화기계의 감지반응고장, 안전보호장치(lock system) 미흡, 유공압장치, 제동장치, 비상정지장치의 고장, 전용동력원의 단락, 표시기(display)의 미흡, 프로세스제어의 이상, 순환제어(feed back control), 아날로그제어(analog control), 디지털제어(digital control)의 이상 등 시스템체계의 문제점으로 인해 재해가 발생될 수 있다.

## 3. 환경적 요인

조명, 환기 시설의 미흡, 정리, 정돈, 청결, 청소의 불량, 지나친 작업장의 온·습도, 장기간 컴퓨터 작업시 눈의 피로, 레이저(raiser) 가공 등으로 인한 전자파 장해로 인한 두통, 체력저하, 지나친 소음, 분진 등 작업환경적 요소와 자동화 기기에 따른 작업점의 변화, 정신 노동량, 에너지 소모량의 증가, 작업공간의 변화 등 직무환경적 요인에 의해 재해가 발생될 수 있다.

## 4. 기술적 요인

기계 설계의 오류(miss), 안전장치의 미부착, 기계배치의 위험성, 동작순서의 복잡성, 자동화 설비시 인간의 능력을 고려하지 않은 장비, 종전 3000ft/min에서 현재 5000ft/min 기계속도의 증가로 인한 작업자 능력과 기계간의 부조화, 조작방법의 미숙, 자료처리의 오류, 불확실한 소프트웨어의 사용, 반응조건 변화에 따른 허용범위 내의 제어 미숙, 인간 특성을 고려하지 않는 기계설계의 미흡, 보수와 수리의 어려움과 안전성 미흡 등에 의해 재해가 발생될 수 있다.

## 5. 인위적 요인

무리한 행동, 위험한 행동의 불균형, 보호구 미착용, 지시명령 위반, 안전작업에 대한 소홀, 무시, 무모한 행동, 부적절한 태도 과시 및 계획, 착수준비, 실행, 진척통제, 사후평가 등의 미흡, 신체적 특성을 고려하지 못한 작업배치, 자동화기기와 일반기계와의 속도차이, 작업역, 작업대의 위치변경, 단순작업이 계속될 경우의 권태감, 무력감 등 작업자의 생체기능의 변화, 정보처리능력의 변화 등으로 인한 스트레스의 증가로 인하여 재해가 발생될 수 있다.

## 2. 2 재해분석

### 2. 2. 1 재해 사례연구

재해 사례연구란 재해요인을 규명 제시하여 대책을 수리함과 동시에 재해방지의 원칙을 습득하여 안전보건활동을 실천하며, 또한 참가자의 안전보건활동에 관한 견해나 생각을 깊게 하기도 하고 다른 태도로 한다는 목적하에 개별연구, 반별토의, 전체회의 등의 진행방법을 택하여 실시하며 연구순서로는 다음과 같다.

재해원인분석은 재해통계를 많이 이용하며, 재해통계 작성시에는 활용의 목적을 이룩할 수 있도록 충분한 내용을 포함해야 한다. 그렇기 때문에 구체적으로 표시해야만 그 내용이 용이하게 이해되며, 활용하기 쉬운 것일수록 유리하고, 도형이나 숫자에 의한 표시법도 있지만, 도형에 의한 쪽이 이해하기 쉽다. 또한 그 항목 내용 중 재해요소가 정확하게 파악되고 이것에 따라서 재해방지대책이 세워진다.

표 2. 3 연구순서

| 전제조건 | 재 해 상 황 의 파 악 |
|---|---|
| 제 1 단계 | 사실의 확인, 즉 사람, 물질, 관리에 관한 것과 재해발생까지의 경과 |
| 제 2 단계 | 문제점 발견 |
| 제 3 단계 | 근본적 문제점 결정 |
| 제 4 단계 | 대책수립 |

사고의 원인분석방법은 개개의 재해를 하나하나 분석하는 것으로 상세하게 그 원인을 규명하거나 특수재해나 중대재해 및 재해 건수가 적은 사업장 또는 재해 특유의 조사항목을 사용할 필요성이 있을 때 사용하는 개별적 방법과 프레이드도, 클로즈도, 관리도 등과 같이 차트(chart)를 이용하여 수직으로 나타내는 통계적 방법 등으로 나타낼 수 있다.

## 2. 2. 2 재해율과 손실비용

### 1. 재 해 율

재해율(Rate of Injury ; IR)은 일람표식 방법과 경험식 방법의 두 가지로 나눌 수 있는데, 일람표식 방법은 각 회사의 상황에 따라 평가하는 것으로 주관적 판단이 개제되므로 객관적인 신뢰성을 가지는 경험식 방법을 널리 사용하는데 크게 연천인율, 도수율, 강도율 등이 있다.

#### (1) 연천인율

연천인율(Rate of Thousand Man ; RTM)은 근로자 1,000명당 1년간에 발생하는 재해자수(재해건수)를 나타낸다.

$$\text{연천인율(RTM)} = \frac{\text{재해자수(재해건수)}}{\text{평균 근로자수}} \times 1,000$$

연천인율이 20이란 의미는 그 작업장의 수준으로 연간 1,000명이 작업하였을 때 20건의 재해가 발생한다는 이론적 통계값이다.

#### (2) 빈도율

도수율(Frequency Rate of injury ; FR) 혹은 빈도율은 산업재해의 발생 빈도를 나타내는 단위이다. 즉, 근로시간 1,000,000시간당의 재해발생 건수로서 나타낸다.

$$빈도율(FR) = \frac{재해\ 건수}{근로\ 총시간수} \times 1,000,000$$

빈도율이 20이라면 1,000,000인시 동안 작업에서 20건의 재해가 발생한다는 의미이며, 아래 식과 같이 연천인율과 도수율과의 환산도 가능하다.

$$연천인율 = 도수율 \times 2.4, \qquad 도수율 = \frac{연천인율}{2.4}$$

2.4의 의미로는 근로자 1인당의 연간 근로시간을 2,400시간인데 연천인율은 1,000명 연 근로시간은 240만 시간이다. 도수율은 연근로 총시간이 1,000,000시간당의 재해율이므로 위와 같이 양자의 관계가 성립된다.

### (3) 강도율

강도율(Severity Rate of injury ; SR)은 근로시간 1,000시간당의 재해손실 일수를 나타낸다.

$$강도율(SR) = \frac{근로\ 손실일수}{근로\ 총시간수} \times 1,000$$

$$근로\ 손실일수 = 근로\ 손실일수 + 요양\ 가료일수 \times \frac{300}{365}$$

표 2. 4 법정기준 근로손실일수

| 장해 등급 | 1~3 | 4 | 5 | 6 | 7 | 8 | 9 | 10 | 11 | 12 | 13 | 14 |
|---|---|---|---|---|---|---|---|---|---|---|---|---|
| 근로손실일수 | 7,500 | 5,500 | 4,000 | 3,000 | 2,200 | 1,500 | 1,000 | 600 | 400 | 200 | 100 | 50 |

### (4) 종합재해지수

종합재해지수(Frequency Severity Indicator ; FSI)는 재해빈도의 다소와 재해의 정도의 강약을 종합하여 나타내며 직장과 기업의 성적지표로 사용된다.

미국에서는 다음과 같다. 일반화되어 있고, 강도율과 빈도율을 하나로 묶어서 나타낸 것이 FSI이며, 공식으로는 다음과 같다.

$$\text{종합재해지수 (FSI)} = \sqrt{\text{도수율} \times \text{강도율}}$$

(5) 안전성 비교

안전성 비교(Safe T. Score ; STS)는 과거와 현재의 안전성을 평가분석하는 방법으로서 안전에 관한 중대성의 차이 비교라고 말할 수 있다.

$$\text{안전성 비교(STS)} = \frac{\text{빈도율(현재)} - \text{빈도율(과거)}}{\sqrt{\dfrac{\text{빈도율(과거)}}{\text{근로 총시간수}} \times 10^6}}$$

계산 결과가 +2.00 이상인 경우는 과거보다 심각하게 나빠졌다는 것을 의미하며, +2.00에서 −2.00의 사이는 과거에 비해 심각한 차이가 없다는 뜻이고, −2.00 이하인 경우는 과거보다 좋아졌다고 할 수 있다. 이때 일반적으로 평생 근로시간은 사업장의 위험도를 추정하는 데는 여러 가지 수법이 활용되므로 당해 사업장의 안전관리목표 추진에 알맞고 객관적인 방법을 활용함이 바람직하다고 할 수 있을 것이다.

### 2. 2. 3 재해비용 산출방식

재해의 손해에 대한 평가는 안전관리자의 일반 업무를 벗어나는 경영진의 산정범위로 생각될 수가 있는 것이지만 재해코스트의 중요한 요소인 것에는 틀림없다. 지금까지 많은 안전관리 학자들에 의해 발표되었지만 안전사고의 손실을 정확하게 산출한다는 것은 아직은 곤란한 일이다.

재해로 인한 손실의 영향으로는 인도적, 경제적, 사회적 영향 세 가지로 분류되어지며, 재해비용 산출방식으로는 Heinrich의 1 : 4

원칙, Simond and Grimaldi방식을 일반적으로 많이 사용하고 있으며 Compes 방식과 노구찌 방식 등도 있으며 이를 설명하면 아래와 같다.

표 2. 5 직접손실 법적 비용 및 간접손실비 추정

| 직접손실 법적 비용 | 간접손실비 추정 |
|---|---|
| •휴업보상비 : 평균임금의 70/100에 해당하는 금액 | •부상한 종업원의 손실 시간수 |
| •장해보상비 : 장해 등급별 금액 | •사고때 주변의 시간손실 |
| •요양보상비 : 요양비 전액 | •감독자의 시간손실 |
| •장의비 : 평균임금 90일분 금액 | •구급 및 병원운송손실 |
| •유족보상비 : 평균임금 1,000일분 금액 | •사기저하의 손실 |
| •유족특별보상금 : 평균임금 1,000일분 금액 | •기업이미지 손실 |
| | •생산손실, 기계 비가동 손실 |

## 1. Heinrich 방식

Heinrich는 재해비용을 직접비와 간접비로 구분하고, 이 두 가지를 합하여 제안하였는데, 그 비율이 1 : 4가 된다고 하였다.

직접비와 간접비의 구성 항목은 직접비란 치료비와 휴업보상, 장해보상, 유족보상 및 장례비 등의 재해 보상비를 뜻하며, 간접비란 재료나 기계, 설비 등의 물적 손실과 가동정지에서 오는 생산손실 및 작업을 하지 않았는데도 지급한 임금손실 등을 포함시켰다.

Heinrich가 조사한 간접비의 내역은 부상자의 시간손실, 부상자 이외의 사람으로서의 시간손실 관리, 감독자 및 관리부서 직원의 시간손실 등으로 나누었으며, 손실금 비율은 일반적으로 경공업 분야는 1 : 4, 중공업분야는 1 : 10 ~ 1 : 20으로 하였다.

## 2. Bird's 방식

Bird's는 간접비의 빙산원리(iceberg principle of hidden costs)를 주장하며 두 개로 나누어 설명하였다. 하나는 측정할 수 있으며 동시에 보험에 가입되어 있지 않은 재산손실비용이고, 다른 하나는 양을 측정하기 어렵고 보험에 들지 않는 기타 비용으로 구분하였다. 각 부분에 대한 계산은 Heinrich 1 : 4 로 계산한 것보다 더 높게 책정되어 있다. 즉, 보험비 : 비보험 재산비용 : 기타 재산비용의 비율은 1 : 5 ~ 50 : 1 ~ 3이 된다.

### 3. Simonds와 Grimaldi 방식

Simonds는 Heinrich의 1 : 4의 직·간접비율 대신에 평균치계산방식을 제시하였다. Simonds방식이 Heinrich방식과 다른 점은 보험비용과 비보험비용으로 구분하여 사업체가 지불한 총산재 보험료와 근로자에게 지급된 보상금과의 차이를 보험비용에 가산하고 간접손실비에 해당하는 비보험 비용을 구성항목에서 차이를 두고 있다는 것이다.

직접손실금(1) + 간접손실금(4)의 비율로 계산하며, 여기서 직접손실금은 보상금, 치료비이고, 총재해 비용산출방식 E는 평균치법을 채택하여 E = 보험비용 + 비보험비용 = 보험비용 + (A : 휴업상해 건수) + (B : 통원상해 건수) + (C : 응급처치 건수) + (D : 무상해 사고 건수)로 계산되며 이 공식에서 A, B, C, D는 상수(금액)이며 각 재해에 대한 평균 비보험비용이다.

### 4. Compes 방식

Compes는 총재해손실비를 공동비용과 개별비용의 합으로 생각하여 전 재해손실을 개별비용과 공동비용으로 정의하였다. Compes의 공동비용과 개별비용의 항목은 다음과 같다.

공동비용은 불변의 값으로 보험료, 안전보건팀의 유지비용, 기타 추상적 사항인 기업의 명예, 안전감 등으로 정의하고 개별비용은 유동적인 값으로 작업 중단, 그로 인한 손실, 수리 대책에 필요한 경비, 사고 조사에 따르는 경비 등으로 정의하였다.

## 5. 노구찌 방식

Bird's이론은 Heinrich이론을 기초로 하여 분석하였으므로 이는 Heinrich이론과 별다른 차이가 없다고 할 수 있으나 Compes이론은 상해사고는 Heinrich이론과 비슷하지만, 손해사고는 다르다는 점이 특징이다. 즉, Heinrich와 Bird's는 상해라는 개념에 의해 손해를 가져 옴을 강조한 이론이지만 Compes는 상해사고가 없음에도 불구하고 커다란 경제적 손실의 발생 가능성을 예고하고 있는 점이 특색이다.

노구찌(野口三郎)는 근본적으로 Simonds의 재해비용 산정방식인 평균치법에 근거를 두는 방법을 제시하고 있다.

노구찌(野口三郎)는 Simonds나 Heinrich와 같이 재해손실비를 직접비용과 간접비용, 또는 보험비용과 비보험비용으로 구분하지 않고 법정보상비(A), 법정외보상(B), 인적 손실(C), 물적 손실(D), 생산손실(E), 특수손실(F)로 구분하여 손실금액을 집계하면 재해 1건당의 비용이 산출된다고 했다.

즉, 재해 1건당 비용을 Z=A 또는 (1.15a+b)+B+C+D+E+F로 나타내었다. 여기서 a는 Heinrich의 직접비용에 대응되는 요소로서 정부보상이며, 1.15a는 Simonds의 보험비용과 같은 것이며, b는 회사보상을 의미한다.

## 6. Huh 방식

허성관은 재해비용을 직접비와 간접비로 구분하고 위 다섯 가지의 상관관계를 토대로 제시하였는데 그 비율은 1 : 10으로 추산하였다.

직접비는 치료비, 휴업보상비, 장해보상비, 유족보상비, 장례비, 요양비 등 법상 인적 재해보상비를 말하며, 간접비란 고가의 자동화설비나 기계시스템 등의 물적 손실, 자동화설비의 생산량 중단에서 오는 생산손실 및 컴퓨터 통합생산시스템의 복잡한 설비의 높은 보전비, 단위시간당 고임금손실, 재해자의 시간손실 이외의 작업생산손실, 관리감독자 및 관리부서지원의 시간손실 등이며, 손실금액은 일반적으로 경공업과 중공업의 비율에서 시간당 생산량은 경공업이 높고, 제품단가는 중공업이 매우 고가이며, 설비투자비는 경공업보다 중공업이 높다는 이유로 재해비용산출은 경공업 1 : 10, 중공업 1 : 20으로 하였다.

이 근거는 89년~93년 통계에서 전 산업의 재해율이 2.09%에서 1.3%로 감소를 했는데 이는 자동화기기의 증가로 인하여 재해의 감소에 큰 영향을 주었다고 여겨지며 특히, 제조업의 재해 감소가 2.33%에서 1.35%로 감소되었다. 이는 건설업의 재해율이 1.42%에서 1.44%로 증가한 것과 비교하면 건설업의 자동화기기도입의 추세보다 제조업의 자동화기기의 도입이 훨씬 높았다는 것을 의미한다. 중공업의 간접손실률이 상대적으로 낮게 추정된 것은 경공업분야에서의 자동화는 원활히 추진된 반면, 중공업은 기술적, 경제적, 환경적 여건으로 인하여 자동화의 도입률이 상대적으로 저하되었기 때문에 낮게 추정되었다. 그러나 전반적인 재해손실액은 수동화기계시보다 3배 이상 증가한 것으로 통계치에서 보여 주었다.

이것은 안전제일, 품질제일, 성능제일, 가격제일의 기업철학에서 고성능 자동화설비 투자 추세와 인명중시풍조와 작업자의 사회적 욕구, 정부의 복지정책 등에 기인하여 간접손실액이 기존의 이론에서보다 훨씬 증가한다고 Huh는 설명하였다.

## 2. 3 재해예방

### 2. 3. 1 재해예방 정의

사고(accident)와 재해(calamity)는 거의 같은 의미로 통용되지만 여기서 보다 세밀하게 분류해 보면, 사고는 모든 노동자가 원하지 않는 재해사고로서 산업체에서 발생하는 비효율적인 요인으로 정의할 수 있다.

재해란 자연적 재해(disaster)와 인위적 재해(injury)로 분류되어지며, 법적 재해 기준은 일반적으로 다음과 같이 분류되어진다.

1. 법상의 재해 : 직업병과 상해로 규정되어 있다.
2. 법상재해기준 : 4일 이상 요양을 요하는 경우를 말한다.

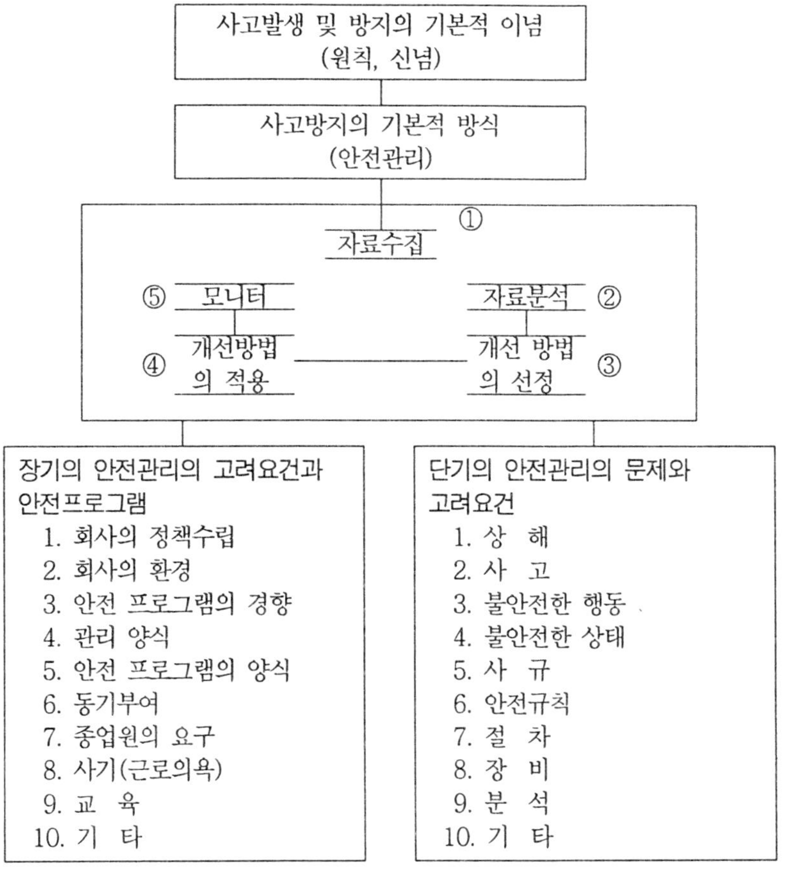


그림 2. 4 최신화된 안전관리모델

3. 법상 중대 재해 : 산업재해 중 사망 등 재해의 정도가 심한 경우로서 다음과 같다.
   (1) 사망자가 1명 이상 발생한 재해
   (2) 3개월 이상의 요양을 요하는 부상자가 동시에 2명 이상 발생한 재해
   (3) 부상자 또는 직업성 질병자가 동시에 10명 이상 발생한 재해

Heinrich는 그의 저서인「산업사고 예방론(industrial accident prevent)」을 통해 산업안전의 원칙이라는 이론을 제시하였다. 이 원칙은 산업안전에 관한 최초의 원칙으로서 모든 안전 분야의 안내자 역할을 해왔다.

Heinrich의 원칙을 요약하면 사고는 여러 원인이 연속적인 연계에 의해 일어난다는 원인 연계의 원칙으로, 사고로 인한 손실에는 우연이 있다는 손실우연의 원칙, 모든 사고는 사전에 예방이 가능하다는 예방가능의 원칙, 사고예방을 위해서는 안전대책이 선정되고 반드시 적용되어야 한다는 대책선정의 원칙 등으로 축약되어지며, 이를 일반적으로 재해예방의 4원칙으로 부른다.

## 2. 3. 2 예방대책의 기본원리

Heinrich는 4원칙의 기초 아래 5단계의 방법을 제시하였다.

이 방법은 그 후 여러 가지 새로운 방법이 수정 보완되었지만 원칙적인 기본 형태는 큰 변화 없이 응용되어지고 있다.

### 1. 제 1 단계 – 조직

제 1 단계 조직(organization)은 안전관리에서 가장 기본적인 활동으로서 현장안전조직과 스태프안전조직으로 구성하여, 집단의 안전목표를 달성하는 것으로 안전활동방침 및 기획을 수립하고 안전

관리자를 임명하여 구체적인 조직을 통한 안전활동을 전개하도록 한다.

## 2. 제 2 단계 – 발견

예방대책의 기본원리의 제2단계 발견(fact finding)은 안전활동에 대한 기록을 검토하고 작업을 분석하여 불안전한 요소를 발견하여 안전점검, 사고조사, 관찰, 보고서 연구, 안전토의, 안전회의 등의 안전점검과 진단으로 정상에서 벗어나는 것을 찾는다.

## 3. 제 3 단계 – 분석

제 3 단계 분석(analysis)은 현장조사 결과의 분석, 사고 보고, 사고기록 조건, 작업공정, 교육훈련 분석 등으로 그 원인이 직접원인인지, 간접원인인지를 분석하고 장소, 사람, 시간, 기타 어떠한 경향성을 갖고 있는지 검토하며 연천인율, 빈도율, 강도율 등의 재해통계분석을 한다.

## 4. 제 4 단계 — 시정책의 선정

제 4 단계 시정책의 선정(selection of remedy)은 기술적 개선, 인사조정, 교육훈련 개선, 안전행정 개선, 규정수칙의 개선, 이행 독려, 체제강화 등을 통하여 효과적인 개선방안을 모색하는 데 발견된 불안전한 행동과 상태를 바로잡기 위한 단계이다.

## 5. 제 5 단계 — 시정책의 적용

제 5 단계 시정책의 적용(adaption of remedy)은 교육(education), 기술(engineering), 독려(enforcement), 즉 3E를 완성하여 시정책을 강구하여 적용하는 것으로 4단계에서 개선한 내용이 우수할수록 효과는 크게 나타난다. 이를 요약하면 표 2.6과 같다.

표 2.6 시정책의 적용

| 단계별 | 조치사항 | 세부내용 |
|---|---|---|
| 제1단계 | 안전조직 | 경영층의 참여, 안전관리자의 임명, 안전의 참고 및 라인조직구성, 안전활동방침 및 계획수립, 조직을 통한 안전활동 |
| 제2단계 | 사실의 발견 | 사고 및 활동기록의 검토, 작업분석, 안전점검 및 안전진단 사고조사, 안전회의 및 토의, 종업원의 건의 및 여론조사 |
| 제3단계 | 분석 | 사고보고서 및 현장조사, 사고기록, 인적 물적 조건, 작업공정, 교육훈련, 안전수칙 |
| 제4단계 | 대책의 선정 | 기술의 개선, 인사조정, 교육훈련의 개선, 안전행정의 개선, 규정 및 수칙개선, 확인 및 통제체제 개선 |
| 제5단계 | 대책의 적용 | 기술(engineering), 교육(education), 독려(enforcement) |

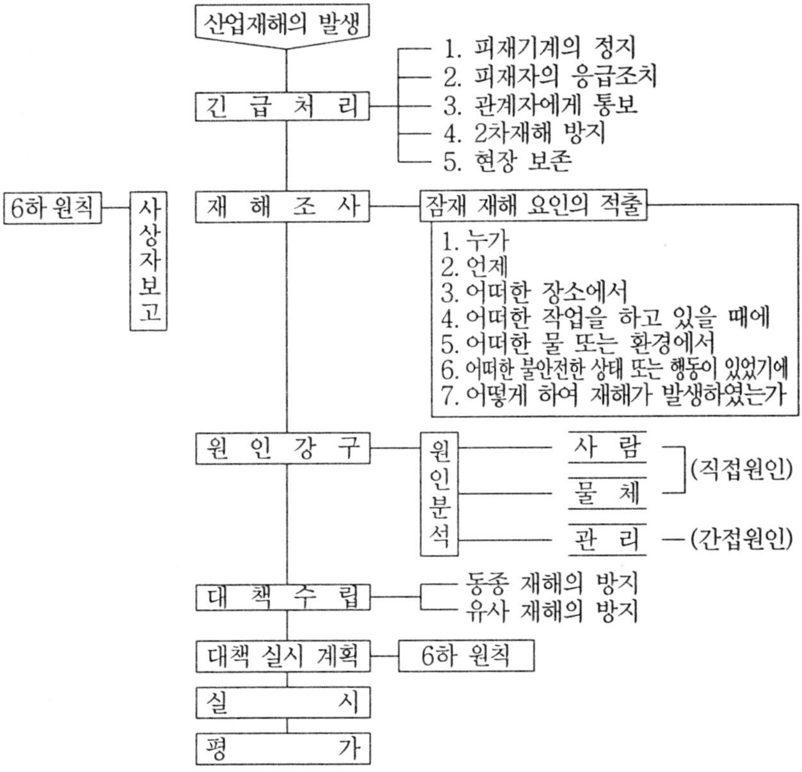


그림 2.5 재해발생 처리순서

## 2. 3. 3 안전관리기법

Heinrich의 사고예방원리 5단계법이 여러 가지 의사결정모델의 적용과정을 거쳐 그림과 같이 제시하는 안전관리기법으로 개선되어 널리 활용되고 있는 실정이다.

이 모델은 안전에 관한 기본철학과 사고발생 및 방지의 원리로부터 시작되어 사고란 무엇이며, 왜 발생하는가에 대한 지식과 사고방지에 대한 자극과 실제적 방법을 제시하였다. 이 모델은 그림에서 보는 바와 같이 자료를 수집하고 수집된 자료를 분석, 검토하여 분석결과에 따라 적절한 시정책 선정 및 시정책 적용으로 결과를 검정하면서 측정하는 기법이다.

## 2. 3. 4 무재해운동

### 1. 운동 목적

무재해운동은 회사에서 일정 기간을 정해 놓고 안전사고가 일어나지 않도록 사원 전체가 참여하는 운동을 말한다.

인간존중의 이념 아래 사업주는 안전제일의 합리적인 경영자세로 기업운영에 임하고 노사 전원이 참가하여 잠재적인 위험요인을 찾아내어 미리 해결함으로써 산업재해예방은 소기의 성과를 얻을 수 있다.

산업재해예방을 위한 자율적인 무재해운동을 촉진함으로써 사업장내의 모든 잠재적인 요인을 사전에 발견, 파악하고 근원적으로 산업재해를 절감하기 위한 목적을 가진다.

무재해운동은 인간존중의 이념으로 출발하며, 인간존중이란 개개인을 차별하지 않고 소중히 하는 것으로서 직장의 누구 한 사람이라도 절대 다치지 않게 하는 것이다.

무재해운동은 이념, 기법, 실천을 삼위일체로 하여 추진한 것이며 어느 하나가 빠져도 무재해운동은 될 수 없으며 기법도 중요하나 가장 중요한 것은 운동의 출발점인 무재해운동의 기본이념 3원칙으로서 그것은 무의 원칙, 참가의 원칙, 선취 해결의 원칙이다. 무재해운동 추진의 3요소는 최고 경영자의 경영자세, 관리감독자에 의한 안전조건의 추진, 직장 소집단의 자주활동의 활성화이다.

자주활동이란 안전보건을, 자신의 문제이며 동시에 동료의 문제로서 직장의 팀 멤버(team member)와의 협동노력으로 자주적으로 실천하는 운동이다.

## 2. 실천기법

### (1) 위험예지훈련

위험예지훈련(Danger Predication Training ; DPT)은 직장이나 작업의 상황 속에서 숨은 위험요인과 그것이 초래하는 현상을 묘사한 그림을 사용하여 또는 직장에서 현물로 작업을 시키거나 해보이면서 직장 소집단에서 다 함께 대화하고 생각하며 합의한 뒤, 위험의 포인트와 중점 실시사항을 직접 확인하여 행동하기 전에 해결하는 훈련이며, 또한 이것을 습관화하기 위해 매일 훈련하는 것을 의미한다.

위험요인이란 산업재해나 사고의 원인이 될 가능성이 있는 불안전 행동과 불안전 상태를 말하는 것으로 위험예지훈련은 직장이나 작업의 상황 속에서 위험요소를 발견하는 감수성을 개인의 수준에서 팀 수준으로 높이는 감수성 훈련이라고 정의할 수 있다.

무재해운동에서 실시하는 위험예지훈련은 직장의 팀워크로 안전을 선취하는 훈련이며 이는 위험에 의한 개별 훈련인 동시에 팀워크훈련이다. 이것을 요약하면 3개의 훈련 즉, 감수성 훈련, 단시간 미팅 훈련, 문제해결 훈련이라고 할 수 있다.

진행방법은 위험예지훈련의 4라운드 진행법인데, 그것은 다 함께, 빨리, 올바르게란 훈련과제로 문제해결의 4라운드를 단계적으로 거쳐 진행해 나가는 것이다. 4라운드란 제 1라운드 — 현상파악, 제 2 라운드 — 본질추구, 제 3 라운드 — 대책수립, 제 4 라운드 — 목표달성을 말하며, 전원이 다 함께 대화를 나누는 방법으로 마음이 편한 분위기로 다수의 발언과 비판 발언을 삼가하는 세심함을 가지고 행해야 한다.

(2) 안전모임

안전모임(Tool Box Meeting ; TBM)이라는 뜻은 안전활동에서 소집단의 안전활동으로 작업하기 전이나 점심식사 후 5~10분 정도 안전에 관하여 토의하는 것을 말하는데 즉시적응법이라고도 한다.

TBM의 준비단계는 화제를 정하고 화제에 필요한 자료를 정리하여 필요에 따라 흑판, 차트 등을 사용해야 하며, 진행방법은 화제의 목표를 잘 설명할 것으로서 준비하며 미팅은 한 사람에게 발언시켜서 목적 이외의 말은 피하도록 하며, 질문하는 방법에도 주의를 요한다.

특히, 리더는 자기 의견을 너무 강조한다든가 기분나쁜 어투로 발언을 중지시켜서는 안 되며, 결론은 절대 급하게 내리지 말아야 한다.

TBM 위험예지 훈련방법의 활용기법으로는 제 1 단계 — 도입, 제 2 단계 — 점검정비, 제 3 단계 — 작업지시, 제 4 단계 — 위험예지, 제 5 단계 — 확인의 단계를 거쳐 시행한다.

(3) 무재해운동 추진기법

무재해운동 추진기법(zero calamity activity ; ZCA)으로는 소집단 활동기법, 문제해결기법, 사고사례기법, touch & call, 안전제안제도, 무재해 직장체조 등이며 무재해 소집단활동에서 무재해 소집단의 팀워크(team work)의 인원수는 5인에서 6인으로 하여 리더가 필요하고 공동의 목표를 달성하겠다는 의욕으로 역할을 분담한다. 그리고 활동계획 5항목은 목표 설정, 잠재위험 발굴제거, 재해사례 검토, 작업표준의 개선, 창의 및 연구의 자주 활동 등이다.

운동실천의 3원칙은 팀미팅기법, 선취기법, 문제해결 등이 있는데 팀미팅기법으로 브레인 스토밍(B. S)의 4원칙인 비평금지, 자유분방, 대량 발언, 수정발언 등을 활용한다. 이를 토의식 아이디어 개발기법이라고도 한다.

### (4) 과오원인제거

과오원인제거(Error Cause Removel ; ECR) 방법은 작업자가 실수나 오류의 원인을 파악하고, 원인제거를 아이디어룰(idea rule) 양식에 따라 기입 후 제안하면, 감독자는 그 제안을 접수, 검토하여 실수원인을 파악하고 원인제거를 위한 아이디어에 대하여 제안자와 함께 검토하는 방법이라고 할 수 있다. 무재해운동의 동기를 부여하기 위해서는 잘된 것을 포상하는 사내포상제도를 도입할 필요가 있다.

### (5) 안전훈련 관찰기법

안전훈련 관찰기법(Safety Training Observation Program ; STOP)은 종업원을 대상으로 한 것이 아니고, 감독자를 대상으로 하여 관할하는 기법으로 미국의 듀퐁회사에서 처음 실시하였다.

이 기법은 안전감독실시법과 전체관찰법으로 나누는데 안전감독실시법은 불안전한 행위 관찰사이클로서 결심(decide) → 정지(stop) → 관찰(observe) → 조치(act) → 보고(report)를 이용하여, 숙련된 관찰자는 처음 관찰을 결심하고, 효과적으로 관찰하기 위하여 정지, 불안전한 행동이 발견되면 그것을 시정하도록 조치하고 그 관할 및 조치 내용을 보고한다는 관리사이클이다.

전체 관찰법은 기기장비의 위, 아래, 뒤, 속을 본다는 시각(looking), 진동이나 이상음을 듣는다는 청각(listening), 이상한 냄새를 맡는다는 후각(smelling), 정상 외의 온도나 진동을 느낀다는 촉각(feeling), 즉 감각기관을 모두 활용하는 기법이라고 할 수 있다.

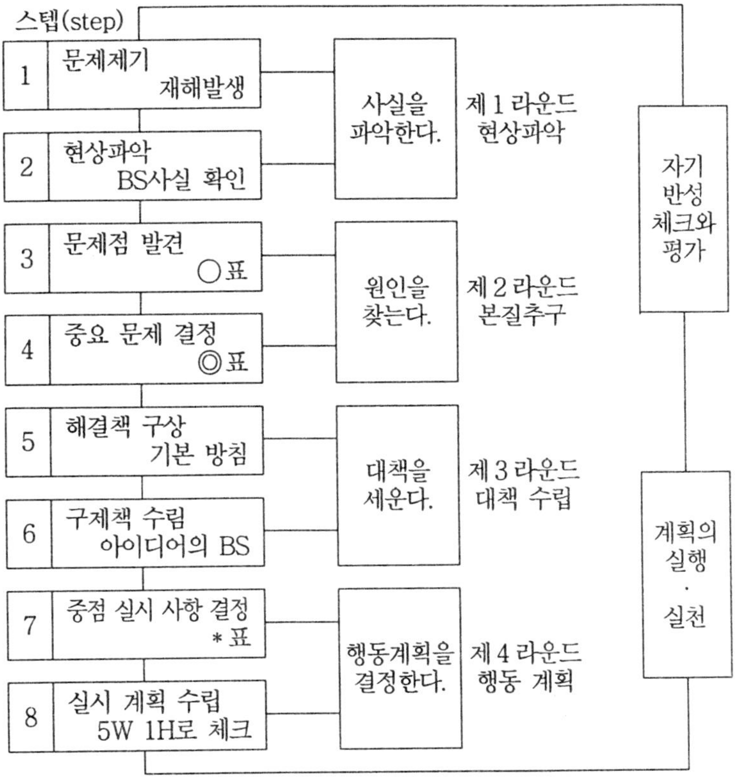


그림 2. 6 문제해결 4라운드 8단계

### 3. 무재해 3대 실천행동의 추진계획

'무재해 3대 실천행동'을 성공적으로 전개하여 무재해를 달성하는데 있어 가장 중요한 것은 이같은 실천행동을 어떻게 추진하느냐에 달려 있다. 아무리 실천행동의 기본지침이 잘 짜여 있어도 이를 적극적이고 과학적인 방법으로 추진하지 않으면 소기의 성과를 거둘 수 없는 것이다.

추진계획을 수립할 때는 사전추진준비, 실천행동요령, 실천행동조직, 실천행동기법, 실천행동포상 등이 고려되어야 한다.

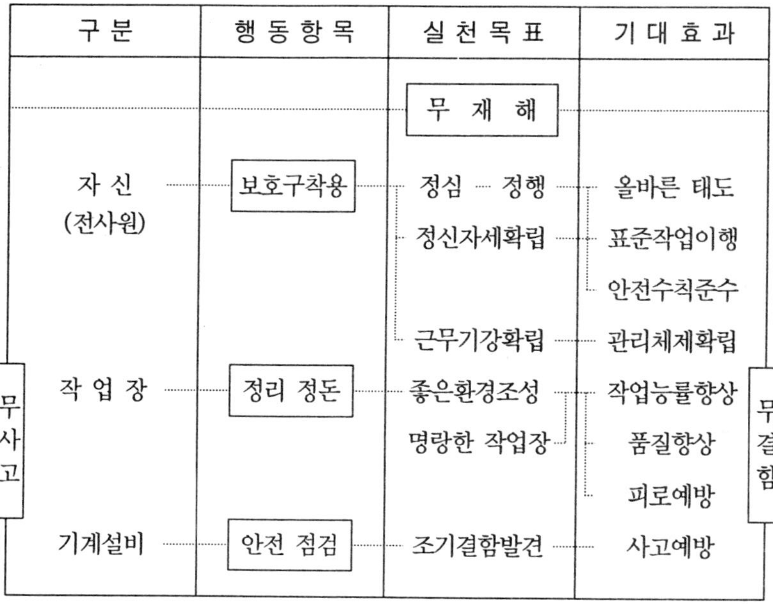


그림 2.7 무재해 3대 실천행동목표

## 4. 무재해 실천행동 요령

3대 실천행동의 개시일을 정한 후 전체 회사 공식행사로 전체 조회시 최고경영자가 행동실시를 선언하고, 전체 근로자는 이를 실천할 것을 서약하고 각 부서별 각 시행반별 분임토의를 실시케 한다.

세부적으로 보면 행동개시선언은 사전에 전사적인 행사일정을 수립(선언 행사 및 식후 기념행사로 퍼레이드, 각 부서별 장기자랑대회, 또는 운동경기 등)한다. D데이에 전 직원이 통일된 복장으로 선언식에 참석한다.

(1) 실천행동 전개방법

1. 조회 등 각종 사내 행사 및 활동시 실천행동 지침교육 및 표어 복창
2. 작업시작 전 실천행동을 다짐하는 결의 · 구호 복창
3. 각종 환경개선 활동의 전개
4. 실천행동 정착시까지 추진점검반 편성과 지도감독
5. 각 부서별 작업공정에 맞게 캠페인 주간을 선정, 정리·정돈과 청소실시
6. 근로자 전 직원의 각 가정에 가정통신문을 발송하여 가정의 협조를 유도
7. 우수한 제안제도, 사례발표대회, 아차사고발표대회 등 전원참가 제도를 도입하여 우수자 및 우수부서에 대한 포상 실시

표 2.7 무재해 3대 실천행동 추진계획 실례

<table>
<tr><th rowspan="2">스텝</th><th rowspan="2">추진항목</th><th colspan="2">도 입 기</th><th colspan="3">성 장 기</th><th colspan="2">정 착 기</th></tr>
<tr><th>6월</th><th>7월</th><th>8월</th><th>9월</th><th>10월</th><th>11월</th><th>12월</th></tr>
<tr><td>1</td><td>추진조직구성</td><td colspan="2">추진방법,조직구성</td><td colspan="3"></td><td colspan="2"></td></tr>
<tr><td>2</td><td>운동개시선언</td><td colspan="2">선언교육</td><td colspan="3"></td><td colspan="2"></td></tr>
<tr><td>3</td><td>전체대청소</td><td colspan="2">이 기간 내에서</td><td colspan="3"></td><td colspan="2"></td></tr>
<tr><td>4</td><td>회사전체<br>정리실시</td><td colspan="7">부서별 일제 실시<br>판단하게 어려운 것의 결정과 처분</td></tr>
<tr><td rowspan="2">5</td><td rowspan="2">부서별 그룹에 의한 개선활동</td><td colspan="2" rowspan="2"></td><td colspan="5">개선항목의 리스트업</td></tr>
<tr><td colspan="3">개선의 실시<br>관리매뉴얼 작성</td><td colspan="2">부서별<br>5분간 발표</td></tr>
<tr><td>6</td><td>부서별진단실시</td><td colspan="2"></td><td colspan="3">작 성</td><td colspan="2">표 창</td></tr>
<tr><td>7</td><td>5-6을 되풀이</td><td colspan="2"></td><td colspan="3"></td><td colspan="2"></td></tr>
</table>

## 5. 무재해 3대 실천행동 직장전개

| NO | 스텝명칭 | 목　　적 | 내　　용 |
|---|---|---|---|
| 1 | 계획작성 | • 준비<br>• 기세를 다짐.<br>• 필요성을 모두가 인식함.<br>• 실태인식<br>• 계획작성 | • 직장 내의 도면만들기<br>• 멤버의 분담역할 결정<br>• 문제점 목록작성<br>• 실태 사진촬영<br>• 전개실시계획 작성<br>• 슬라이드 등 전달교육 |
| 2 | 정　리 | • 불요품을 버림<br>• 불요불급품, 필요품의 인식 갖기<br>• 직장의 정리를 위한 장소 만들기<br>• 직장을 깨끗이 함.<br>• 물건의 유효활용을 위한 장(場) 만들기 | • 불요불급품, 필요품의 구분<br>• 불요품의 철거<br>• 불요품의 전시, 창고반환, 처분<br>• 불요불급품의 기록(리스트, 사진 등) |
| 3 | 정　돈 | • 안전, 물질, 생산량에 맞는 물건을 놓는 방법<br>• 안전확보<br>• 먼지, 녹, 흠 등을 없앰.<br>• 꺼내고 넣기가 편하게 정돈<br>• '찾는다'를 없앰. | • 놓아두어야 할 물건, 수량의 결정<br>• 치장, 놓는 방법의 결정<br>• 부서별 물건의 표시<br>• 관리책임자 결정<br>• 불량품, 수리품의 치장 결정<br>• '사용중'의 명시 |
| 4 | 정리정돈의 규칙작성 | • 지킬 수 있는 규칙 만들기<br>• 정리정돈의 필요성 재인식<br>• 정리정돈을 실행하기 위한 재인식<br>• 우리가 규칙을 정하고 납득시킴. | • 정리정돈의 규칙작성－불요품의 처분방법, 물건을 놓는 방법, 표준공구, 공구쥐는 법, 돌려주는 법, 관리방법 등<br>• 규칙의 명시 |

| NO | 스텝명칭 | 목 적 | 내 용 |
|---|---|---|---|
| 5 | 일상활동 | • 자율관리조직<br>• 일상활동의 하나로서 인식 | • 정리정돈 청소 청결점검의 체크리스트<br>• 자율적 전개 자율평가<br>• 결과의 보고 |
| 6 | 작업장 내 정리정돈 | • 안전, 품질, 생산량을 방해하는 작은 불합리점을 찾아내 없앰.<br>• 정리는 점검임.<br>• 불량고장 제거<br>• 강제열화방지<br>• 정돈에 의한 불합리점의 발견 | • 직장 내의 철저한 정리-특히, 설비<br>• 부적합점의 리스트와 대책<br>• 안전면의 점검과 잘못된 부분에 대한 손질<br>• 정리방법, 용구의 준비 |
| 7 | 부적합점 개 선 | • 정리를 방해하는 불합리의 개선<br>• 불합리의 일소<br>• 먼지를 근절함. | • 발생원, 곤란한 장소의 대책<br>• 기타 대책-흠, 녹, 누설, 느슨함. |
| 8 | 기름종류 정 돈 | • 부드러운 움직임의 실현<br>• 강제열화방지<br>• 급유의 중요성 인식 | • 기름 종류 구분의 통일과 표시<br>• 오일수준의 표시<br>• 급유의 표시 |
| 9 | 간 단 한 정 돈 | • 우리의 직장은 우리가 지킴.<br>• 현장에서 할 수 있는 점검의 이해와 필요성을 인식 | • 볼트의 느슨함, 오일수준, 유기, 계기의 표시, 벨트, 배선의 흠, 필터가 막힘<br>• 눈으로 보는 관리 실험 |
| 10 | 급유·주유·정돈 규칙작성 | • 모두가 정하고 납득하고 확실히 지킴.<br>• 우리의 직장을 지키는 의욕부여 | • 급유주유점검의 규칙 작성<br>• 점검주기, 분담결정<br>• 규칙의 등록<br>• 왜 하는가를 납득시킴. |
| 11 | 정리정돈의 체 계 화 | • 규칙의 공통화<br>• 규칙의 표준화, 통일화 | • 타그룹의 규칙 연구<br>• 다른 규칙의 좋은 점을 본땀. |

# 제 3 장
# 안 전 검 사

## 3.1 안 전 점 검

### 3.1.1 점검 개요

산업재해의 88%가 근로자의 불안전한 행동이 원인이 되며, 이 중 50%가 점검 불량으로 발생한다. 그러므로 안전점검은 안전사고예방을 위한 필수 불가결한 것으로서 넓은 의미는 안전에 관한 제반 사항을 점검한다는 것을 의미하며 좁은 의미는 시설, 기계, 기구 등의 구조설비상태와 안전기준과의 적합성 여부를 확인, 검토하는 작업을 말한다.

대상요소로는 인간, 도구(기계, 장비, 공구 등), 환경, 원자재, 작업 등 5대 요소로 분류되어 안전점검의 대상으로 잡는다. 안전점검이란 물적 결함으로 인한 인명피해예방을 전제로 생산성 향상 및 인력손실방지를 목적으로 하여 결함이나 불안전 조건의 제거, 기계설비의 본래의 성능유지 및 합리적인 생산관리를 할 수 있는 기초를 확보하는 데에 안전점검의 의의를 찾을 수 있다.

안전점검을 하는 요령은 종래의 안전점검기록, 사고기록 등을 조사하여 작업장의 위험성과 사고의 경향에 관하여 충분히 조사하고, 점검결과는 반드시 보고서를 작성하여 그 부서의 책임자에게 송부하여 시정결과를 요구받아 후속조치의 자료로 삼아야 한다.

## 3.1.2 점검 종류

점검의 책임은 직무 전반에 대한 적용범위를 산정하여 책임감을 갖도록 하며 점검의 종류는 점검의 주기에 따라 분류하며 다음과 같다. 점검표를 반드시 사용하고 안전점검의 순환과정은 현상파악, 결함의 발견, 시정대책의 선정, 대책의 실시 등 4단계의 순환과정을 되풀이한다. 점검의 종류는 다음과 같다.

(1) 정기점검

계획점검이라고도 하며 안전상 주요 부분의 마모, 손상, 부식 등 장치의 이상 유무를 담당 분야별로 정기적으로 점검하는 것으로 일정한 기간, 즉 매주, 매월, 매분기, 매년 등 기간이나 날짜를 정해 놓고 실시하는 점검을 말하며 안전보건관리자 및 당해 근로자가 실시한다.

(2) 수시점검

일상점검이라고도 하며 작업 시작 전, 후, 종료시 작업동작에 대해 점검하는 것으로 정기점검 이외에 필요하다고 인정될 때 실시하는 점검이며 안전담당자 및 당해 근로자가 실시한다.

(3) 특별점검

설비의 신설, 변경 또는 천재지변의 발생 후 실시하는 점검으로서 사고 후에는 언제나 실시하여 동종의 기계, 기구에 잠재위험요소가 존재하는지를 확인하고 정기점검과 같은 요령으로 하며 안전보건관리자가 실시한다.

(4) 임시점검

정기점검 기일 전에 임시로 실시하는 것으로 불안전한 요소를 찾기 위해 위험한 부분이나 특정한 부분에만 실시하는 점검이다.

(5) 기　　타

사업주의 사전점검, 안전보건 관리책임자의 확인점검 등이 있다.

### 3. 1. 3 점검체계

점검체계는 현장근로자에서부터 최고 경영자에 이르기까지 기능적으로 연결시켜야만 점검의 효과를 증진시킬 수 있으며, 점검결과에 대한 정비는 즉시 실시하되 작업에 지장을 주지 않도록 해야 한다. 또한 교육지도, 점검, 검사자, 수리담당자의 정확한 점검, 검사를 위한 교육과 설비대장의 정비는 점검, 수리 결과 기록을 보존할 수 있도록 설비대장을 정비해야 한다.

1. 점검 책임

현장근로자보다 경영관리자일수록 점검책임이 높다. 사안이 중대할수록 책임이 중대시되며, 특수기기는 전문기술진에 의뢰하는 것이 좋고 현장에서의 구체적인 점검방법은 외관점검(육안점검), 기기점검(작동점검), 기능점검(상태점검), 정밀점검(종합점검) 등이 있다.

2. 점검자 및 대상

점검자와 점검대상은 뚜렷한 구분이 되어져 있다. 점검자는 경영

층일수록 점검의 범위가 넓고 현장으로 갈수록 점검 범위가 좁아지는데, 보다 세밀한 점검을 해야 한다.

표 3. 1 점검자와 대상

| 구 분 | 점 검 대 상 | 비 고 |
|---|---|---|
| 경 영 층 | •안전보건에 대한 기본방침의 실시상황<br>•전반적인 의식고취 상황<br>•설비의 레이아웃(lay out)에 대한 안전성 여부<br>•현장간부의 안전에 대한 인식 정도<br>•작업안전 상태 여부 | 안전의<br>전반적인<br>상태 파악 |
| 안전관리자 | •안전에 관한 현황파악<br>•법규에 정해진 직무수행<br>•작업설비, 작업방법 등에 대한 위험의 유무<br>•안전보호구, 안전제어장치 등의 이상 유무<br>•안전계획의 이행상태 및 조치사항의 확인 | 안전기준의<br>이해상태<br>점검 |
| 부 · 과장<br>(관리자) | •안전작업의 실시 여부<br>•위험설비의 안전성 확보 여부<br>•유해물, 위험물 취급 및 보관 여부<br>•기타 관장하는 작업장에 대한 안전 | |
| 감 독 자 | •관할하는 직장 전반에 대한 안전 여부<br>•보호구의 착용 및 관리실태의 적절 여부<br>•안전활동의 추진 여부<br>•안전교육 내용의 이행상태 여부<br>•안전수칙 준수 여부 | |
| 작 업 자 | •기계설비 공구, 보호구 안전장치 등의 성능확정 여부<br>•작업환경 정리정돈 여부 | 안전수칙<br>이행 |
| 보건관리자 | •근로자의 건강장해 원인조사, 의학적 조치<br>•작업환경 평가, 산업위생시설 점검 | |

### 3. 1. 4 점검 기준책

점검 기준책은 작업장에 적합한 독자적인 내용으로 작성하되 정기적으로 검토하고 관계자의 의견, 청취 및 위험성이 높고 긴급을 요하는 순으로 일정한 양식을 사용하여 작성하며 점검항목은 이해하기 쉽고 구체적으로 표현해야 한다.

안전점검기준에 포함되어야 할 사항은 점검대상, 점검사항, 점검항목, 점검방법, 점검시기, 판정기준 및 판정여부, 조치사항 등을 포함하여 작성해야 한다.

사고방지책은 점검, 검사, 보수작업시 동력원과 절연 확인 및 작업구역 계통 등을 관계자에게 주지시키며 작업책임자, 작업범위, 순서 등을 정하고 작업대, 발판 등의 안전확보, 분해작업시 크레인조종사와 협조 확보, 방화대책, 유기용제 취급시 방독면 사용, 도구, 기구의 정비철저 등이 있다.

작업전 안전점검 대상기기로는 프레스, 전단기, 압력용기, 산업용 로봇, 크레인, 이동식 크레인, 건설용 리프트, 간이 리프트, 곤돌라, 지게차, 구내운반차, 셔블로더, 화물자동차, 컨베이어, 차량계건설기계 등으로 분류하는데, 살펴보면 표 3. 2와 같다.

표 3. 2 작업 전 안전점검 대상기기

| | |
|---|---|
| 프레스 및 전단기 | •클러치 및 브레이크의 기능<br>•크랭크축, 플라이휠, 슬라이드, 연결봉 및 연결나사의 볼트의 풀림 유무<br>•1행정 1정지기구, 급정지장치 및 비상정지장치의 기능<br>•슬라이드 또는 칼날에 의한 위험방지기구의 기능<br>•프레스의 금형 및 고정 볼트 상태<br>•당해 방호장치의 기능검정<br>•전단기의 칼날 및 테이블의 상태 |
| 산업용 로봇 | •외부전선의 피복 또는 외장의 손상 유무<br>•매니퓰레이터 작동의 이상 유무<br>•제동장치 및 비상정지장치의 기능 |

표 3. 2 작업 전 안전점검 대상기기 (계속)

| | |
|---|---|
| 압 력 용 기 | •공기저장 압력용기 외관상태<br>•드레인밸브의 조작 및 배수<br>•압력방출장치의 기능<br>•언로드밸브의 기능<br>•윤활유의 상태<br>•회전부의 덮개 또는 울<br>•기타 연결부위의 이상 유무 |
| 크 레 인 | •권과방지장치, 브레이크, 클러치 및 운전장치의 기능<br>•주행로의 상측 및 트롤리가 횡행하는 레일의 상태<br>•와이어로프가 통하고 있는 곳의 상태 |
| 이동식크레인 | •권과방지장치, 과부하방지장치, 기타 경보장치의 기능<br>•브레이크, 클러치 및 조정장치의 기능 |
| 건설용리프트 | •브레이크 및 클러치의 기능<br>•와이어로프가 통하고 있는 곳의 상태 |
| 간이 리프트 | •방호장치 및 브레이크의 기능 |
| 곤 돌 라 | •방호장치, 브레이크의 기능<br>•와이어로프 및 슬링와이어 등의 상태 |
| 지 게 차 와<br>구내 운반차 | •제동장치 및 조정장치기능의 이상 유무<br>•하역장치 및 유압장치기능의 이상 유무<br>•차륜의 이상 유무<br>•전조등, 후조등, 방향지시기 및 경보장치기능의 이상 유무 |
| 셔블로더와<br>화물자동차 | •제동장치 및 조정장치기능의 이상 유무<br>•하역장치 및 유압장치기능의 이상 유무<br>•차륜의 이상 유무 |
| 컨 베 이 어 | •원동기 및 풀리기능의 이상 유무<br>•이탈 등의 방지장치기능의 이상 유무<br>•비상정지 장치기능의 이상 유무<br>•원동기, 회전축, 치차 및 풀리 등의 덮개 또는 울 등의 이상 유무 |
| 차 량 계<br>건 설 기 계 | •브레이크 및 클러치의 기능 |

## 3.2 자체검사

### 3.2.1 검사 개요

검사란 시설의 양부를 판단하는 것으로 사업주는 노동부령이 정하는 기계, 기구 등에 대하여 노동부장관이 정하는 바에 따라 정기적으로 자체 검사를 실시하고 그 결과를 기록, 보존해야 한다.

이 규정은 사업장에서 특히, 중요하다고 생각되는 기계 및 설비를 지정하여 사업주가 자율적으로 안전보건을 확보할 수 있게 하기 위한 조치이며, 검사가 중복되어 작업에 지장을 주거나 동시에 많은 기기를 집중적으로 하게 될 때 검사의 불신을 초래할 수 있다.

검사의 종류에서 검사대상에 의한 분류는 기능검사, 형식검사, 규격검사로 분류하며, 검사방법에 의한 분류는 육안검사, 기능검사, 기기에 의한 검사, 시험에 의한 검사로 구분된다. 검사방법에 따른 확인은 내외면의 변형 유무, 부식의 유무와 그 정도, 마모상태, 손상의 유무, 기능의 정상적 작동상태 등의 확인에 중점을 두어야 한다.

### 3.2.2 검사대상 기기

검사대상 기기는 다음과 같이 분류한다.

표 3.3 검사대상 기기

| 대 상 기 기 | 검 사 기 간 |
|---|---|
| 프레스 및 전단기 | 매년 1회 |
| 크 레 인 | 6월 1회 |
| 리 프 트 | 6월 1회 |
| 곤 돌 라 | 6월 1회 |
| 승 강 기 | 매월 1회 |
| 원 심 기 | 매년 1회 |

표 3. 3 검사대상 기기 (계속)

| 대 상 기 기 | 검 사 기 간 |
| --- | --- |
| 아세틸렌 용접장치 또는 가스집합 용접장치 | 매년 1회 |
| 보 일 러 | 6월 1회 |
| 압력용기 | 6월 1회 |
| 공기압축기 | 2년 1회 |
| 건조설비 및 그 부속설비 | 매년 1회 |
| 화학설비 및 그 부속설비(특수특정화학설비 포함) | 2년 1회 |
| 국소배기장치(제진장치 및 배출가스처리장치 포함) | 매년 1회 |

## 3. 2. 3 검사실시 요령

검사는 반드시 검사순서에 따라 원칙에 의거하여 검사를 실시하며 생략 등이 없어야 한다. 즉, 검사원 임명, 연간 종합검사 계획작성, 검사용 체크리스트 작성, 검사대상에 대한 사전이력 파악, 검사대상에 대한 검사방법 결정 등의 검사준비를 완료하여 검사순서에 따라 원칙대로 실시하되 해체검사시 부품이상 여부 확인 및 기능 검사는 3분 이상 실시하고, 반드시 안전확보의 바탕 위에서 실시해야 한다. 자체 검사원의 자격으로는 다음과 같다.

1. 안전관리자 또는 보건관리자의 자격기준에 해당하는 자로서 해당 기계, 설비의 취급 업무에 2년 이상 종사한 자
2. 관리감독자 또는 안전담당자로서 당해 자체 검사분야의 기계, 기구를 취급하는 작업에 3년 이상 종사한 자
3. 국가기술자격법에 의한 기능사 1급(승강기의 경우, 승강기 보수기능사) 이상의 자격을 취득하였거나 교육법에 의한 고등학교 이상의 학교에서 이공계열 학과를 졸업한 자로서 해당 기계, 기구를 취급하는 작업에 3년 이상 종사한 자
4. 자체 검사원 양성교육을 받고 소정의 시험에 합격한 자

5. 안전 · 보건관리 대행기관의 대행요원(당해 대행 사업장의 자체 검사대상 기계, 기구 분야에 한하고, 크레인 및 승강기에 대하여는 유해 · 위험 작업의 취업제한에 관한 규칙에 의한 자격 또는 면허를 가진 자에 한한다)

### 3. 2. 4 검사방법

검사방법을 분류하면 육안검사, 기계기구에 의한 검사로 분류하며 항복점을 알 수 있는 검사의 종류로는 압축검사, 굽힘검사, 경도검사, 크리프검사, 내구검사, 마모검사 등이 있는데 기계 및 재료의 검사방법은 표 3. 4와 같다.

표 3. 4 재료 강도 검사

| | |
|---|---|
| 인장검사 | •비례한도 •탄성한도 •항복점 •내력<br>•인장강도 $\left(\sigma = \frac{P}{A}\ \text{kg/mm}^2\right)$ •신장률 $\left(\varepsilon = \frac{L - L_0}{L_0} \times 100\right)$<br>•조임률 $\left(\phi = \frac{A_0 - A}{A_0} \times 100\right)$ •응력 $\left(\sigma = \frac{P}{A}\ \text{kg/cm}^2\right)$<br>•허용응력 •안전율 $\left(\frac{\text{인장강도}}{\text{허용응력}}\right)$<br>•탄성계수(영계수) $\left(E = \frac{\sigma}{\varepsilon}\ \text{kg/cm}^2\right)$ |
| 굽힘검사 | •굽힘시험 $\left(\text{신장} = \frac{\Delta L}{L} \times 100\right)$ •항절시험 $\left(\sigma = \frac{WL}{4} \Big/ \frac{\pi}{32} \times D^2\right)$ |
| 경도검사 | •브리넬 경도시험 •비커스 경도시험<br>•로크웰 경도시험 •쇼어 경도시험 |
| 충격검사 | •샤르피 충격시험 •아이조드 충격시험<br>•크리프 시험 |
| 비파괴검사 | •육안검사 •누설검사 •침투검사 •음향검사(타진법)<br>•초음파검사(투과법, 반사법, 공진법, 수적탐사법)<br>•자기탐상검사(자분검사) : 축통전법, 관통법, 직각통전법, 코일법, 극간법<br>•방사선투과검사(X선, $\gamma$ 선) |

## 3. 2. 5 검사결과 및 처리

검사결과 기계, 기구 설비에 이상과 위험이 있다고 판정시 즉시 사용중지 표지부착을 하고, 사용 중지된 기계, 기구 및 설비는 그 사용 중지된 사유를 제거한 후가 아니면 재가동 금지를 지시하고 사용중지된 기계, 기구, 설비 등을 재가동하고자 할 때는 당해 기계, 기구, 설비를 검사한 자체 검사원 또는 당해 기관이 사용금지 표지를 제거하고 직접 시운전, 시동점검 후 이상이 없음을 확인한 후 가동한다.

자체검사 완료 후 사업주에게 보고할 사항은 검사 체크리스트, 검사결과에 대한 개선대책, 개선에 필요한 소요예산과 개선기간, 개선책임자를 결과 처리해야 하며, 자체검사 완료 후 관할지방 노동관서의장에게 보고할 사항은 검사일시, 검사원, 검사결과, 검사결과 개선계획, 검사 체크리스트 사본 등이 있다.

표 3. 5 자체검사 기기 및 항목

| | |
|---|---|
| 동력프레스 | •방호장치의 이상 유무<br>•크랭크축 또는 플라이휠 기타 동력전달장치의 이상 유무<br>•클러치, 브레이크 기타 제어장치의 이상 유무<br>•1행정 1정지기구, 급정지장치 및 비상정지장치의 이상 유무<br>•연결봉과 슬라이드와의 상호기능상태의 이상 유무<br>•전자밸브, 압력조정밸브 기타 공압제품의 이상 유무<br>•전자밸브, 유압펌프 기타 유압계통의 이상 유무<br>•리미트스위치, 릴레이 기타 전자부품의 이상 유무 |
| 전 단 기 | •방호장치의 이상 유무<br>•클러치 및 브레이크의 이상 유무<br>•슬라이드 기능의 이상 유무<br>•1행정 1정지지구, 급정지장치 및 비상정지장치의 이상 유무<br>•전자밸브, 감압밸브 및 압력계의 이상 유무<br>•배선 및 개폐기의 이상 유무 |
| 원 심 기 | •방호장치의 이상 유무<br>•회전체의 이상 유무<br>•주축의 축수부 이상 유무<br>•브레이크의 이상 유무<br>•외곽의 이상 유무<br>•제1호~제4호에 규정된 부분의 볼트의 풀림 유무 |

표 3. 5 자체검사 기기 및 항목(계속)

| | |
|---|---|
| 양 중 기<br>(크레인, 리프트, 곤돌라) | •과부하방지장치, 권과방지장치, 기타 방호장치의 이상 유무<br>•브레이크 및 클러치의 이상 유무<br>•와이어로프 및 달기체인의 손상 유무<br>•훅 등 달기기구의 손상 유무<br>•배선, 집전장치, 배전반, 개폐기 및 콘트롤러의 이상 유무 |
| 승 강 기 | •비상정지장치, 과부하방지장치 기타 방호장치의 이상 유무<br>•브레이크 및 제어장치의 이상 유무<br>•와이어로프의 손상 유무<br>•가드레일의 상태<br>•옥외에 설치된 화물용 승강기의 가드로프를 연결한 부위의 이상 유무 |
| 아세틸렌 용접장치 또는 가스 집합 용접장치 | •손상, 변형, 부식의 유무, 그 성능 및 방호장치의 이상 유무 |
| 보 일 러 | •방호장치의 이상 유무<br>•보일러 본체의 손상 유무<br>•연소장치의 이상 유무<br>1. 압력방출장치의 토출상태<br>2. 압력제한스위치의 표준압력에 의한 작동시험<br>3. 고저수위 조절장치와 급수펌프와의 연동된 작동상태<br>4. 기타 제어장치의 기능상태<br>•자동제어장치 기능의 이상 유무<br>•각종 밸브의 정상 작동상태 |
| 압 력 용 기 | •압력용기 등의 본체의 상태<br>•표준압력계에 의한 압력방출장치를 토출시험 후 납으로 봉인 되었는지의 여부<br>•언로드밸브의 작동시험(공기압축기에 한한다.)<br>•드레인밸브의 조작과 배수상태<br>•기타 부속장치의 부식 및 균열 등 이상 유무 |
| 화학설비 및 그 부속설비 | •당해 설비내부에 폭발 또는 화재의 우려가 있는 물질의 유무<br>•내면 및 외면의 현저한 손상, 변형 및 부식의 유무<br>•뚜껑, 플랜지, 밸브, 콕의 접합상태의 이상 유무<br>•안전밸브, 긴급차단장치, 기타 방호장치기능의 이상 유무<br>•냉각장치, 가열장치, 교반장치, 압축장치, 계측장치 및 제어장치 기능의 이상 유무<br>•예비동력원 기능의 이상 유무 |
| 건 조 설 비 | •내면 및 외면과 내부의 선반, 틀등의 손상, 변형 또는 부식의 유무<br>•위험물 건조설비에 있어서 건조로 인하여 발생하는 가스, 증기, 분진 등으로 인한 폭발, 화재의 위험을 예방하기 위한 설비의 이상 유무<br>•연소실 기타 점화하는 부분의 환기를 위한 설비의 이상 유무<br>•감시창, 출입구, 배기구 등 개구부의 이상 유무<br>•내부온도의 측정장치 및 조정장치의 이상 유무<br>•내부에 설치하는 전기기계, 기구 또는 배선의 이상 유무 |
| 국소배기장치 | •후드와 덕트의 마모, 부식 기타 손상의 유무와 그 정도<br>•덕트와 배풍기의 청결상태<br>•덕트 접속부의 헐거움 유무<br>•전동기와 선풍기를 연결하는 밸브의 작동상태<br>•흡기 및 배기 능력 |

# 제 4 장
# 안 전 보 호 구

## 4.1 보 호 구

### 4.1.1 보호구 개념

보호구는 재해예방과 건강장해를 방지하기 위하여 작업자가 직접 착용하거나 작업할 때 사용하는 용구를 말한다.

작업장에서 유해가스, 증기, 분진, 소음, 자외선, 방사선, 광선, 누전, 고열, 낙하물, 저온물체, 고소작업, 고기압하에서 작업, 기타 근로자의 건강의 저해요인이 되는 것으로부터 보호의 목적으로 착용되는 것으로 사고의 결과로 오는 상해 또는 직업병을 어느 정도까지 최소화하기 위하여 조치되어지는 소극적인 안전대책이다.

보호구의 종류는 안전모, 안전대, 안전화, 장갑, 마스크, 보호의, 보안경, 방음보호구, 특수복, 보안면 등이 있으며, 보호구는 완전무결한 사고예방방법이 아니고 보조수단의 한계성이 있으므로 우선 작업환경 개선의 선행 후에 필수불가결한 경우에만 사용하도록 한다.

## 1. 구비 요건

보호구는 인명과 직결되므로 여러 가지 제약조건을 가지고 있고, 신체에 직접적으로 미치는 위험 및 유해사항을 통제하기 위해서는 착용이 간편하고 작업에 방해가 안 되도록 해야 하며, 위험·유해요소에 대한 방호성능이 충분한, 품질이 우수한 재료를 선택하여 재질 및 구조, 그리고 끝마무리가 양호한 것이어야 한다.

또한 보호구는 어느 때라도 착용할 수 있도록 청결하고 성능이 잘 유지된 상태로 보관되어야 하므로 보관시 햇빛이 들지 않고 통풍이 잘 되는 장소, 발열체가 주변에 없는 장소에 보관해야 하며 부식성 액체, 유기용제, 기름, 화장품, 산 등과 혼합 보관되어서는 안 된다.

## 2. 선택시 유의점

보호구는 완전무결한 사고예방방법이 아니라 위험 유해로부터의 보조수단에 불과하므로 보호구 선택시는 사용목적에 적합해야 하고 규격에 합격된 것으로 품질이 좋고 착용이 쉽고, 손질이 쉬워야 하며, 작업행동에 방해되거나 크기가 사용자에 부적합해서는 안 되므로 선택시 주의해야 한다.

보호구의 검사절차는 한국산업안전공단이 보호구의 규격 및 등급별로 제출된 당해 보호구 물품에 대해 검정하는데, 접수한 날로부터 30일 이내에 그 검정결과를 신청인에게 통지해야 하며 반드시 합격표시, 합격마크, 한국산업안전공단 검정필이라는 문자, 검정 합격번호 및 합격등급, 수입 또는 제조년월일 및 합격년월일을 표시해야 한다.

## 4.1.2 보호구 검정

보호구는 작업 목적에 알맞고 근로자를 보호해야 하기 때문에 선택할 때 주의해야 하며 잘 관리되어야 하기 때문에 국가에서는 검정대상 보호구를 지정하고 있다.

표 4.1 검정대상 보호구

| 대상보호구 | 대 상 범 위 |
|---|---|
| 안 전 모 | 물체의 낙하, 비래 또는 추락에 의한 위험을 방지 또는 경감하거나 감전에 의한 위험을 방지 |
| 안 전 대 | 추락에 의한 위험을 방지하기 위한 로프, 고리, 급정지 기구와 근로자의 몸에 묶은 띠 및 그 부속물 |
| 안 전 화 | 물체의 낙하 충격 또는 날카로운 물체로 인한 위험으로부터 발 또 발등을 보호하거나 감전 또는 정전기의 대전으로부터 방지하기 위한 것 |
| 보 안 경 | 날아오는 물체에 의한 위험 또는 위험물, 유해광선에 의한 시력장해를 방지하기 위한 것 |
| 안 전 장 갑 | 전기에 의한 감전을 방지하기 위한 것 |
| 보 안 면 | 용접시 불꽃 또는 날카로운 물체에 의한 위험을 방지하기 위한 것 |
| 방진마스크 | 분진이 호흡기를 통하여 인체에 유입되는 것을 방지하기 위한 것 |
| 방독마스크 | 유해물질 흡수제 및 배기변이 있는 것 |
| 귀마개·귀덮개 | 소음으로부터 청력을 보호하기 위한 것 |
| 송기마스크 | 산소결핍으로 인한 위험을 방지하기 위한 것 중 잠수용은 제외 |
| 방 열 복 | 고열작업에 의한 화상과 열중증을 방지하기 위한 것 |

산업안전보건법 규정에 의거 작업상 필요한 보호구로서 대통령령이 정하는 것을 제조 또는 수입하고자 하는 자는 그 보호구에 대하여 노동부장관이 실시하는 검정을 받아야 하는데, 검정대상 보호구 및 대상범위는 표 4.1과 같다.

# 4.2 보호구 종류

## 4.2.1 안전모

중공업이나 건설사업장 등에서 주로 비래, 낙하, 충돌, 추락 등으로 인한 머리상해 보호 목적으로 사용되는 것으로 사용목적에 따라 추락, 충돌, 물체의 비래 또는 낙하로 인한 머리 보호를 위한 일반 안전모와 감전방지를 위한 전기 안전모로 분류한다.

안전모의 재질 및 모체가 갖추어야 할 구비조건으로서는 모체의 재료는 내전압성, 내수성, 내열성, 내한성, 내연성 등이 있어야 한다. 여기서 내전압성이라 함은 7000V 이하의 전압에 견디는 것을 의미한다.

또한 원료의 값이 싸고, 대량생산이 가능해야 하며, 완성된 안전모는 내충격성이 높고 가볍고, 쓰기 쉽고, 또 값이 저렴해야 하며, 전기 안전모의 모체의 재질은 합성수지 등의 질이 좋은 전기절연성의 재료로 만들고 아래와 같은 각항을 만족시킬 수 있어야 한다.

### 1. 안전모의 종류

안전모는 안전모의 사용구분, 모체의 재질 및 내전압성에 의해 표와 같이 A, B, AB, AE, ABE의 다섯 종류로 구분된다.

표 4.2 안전모의 구분

| 종류(기호) | 사 용 구 분 | 모체의 재질 | 내전압성 |
|---|---|---|---|
| A | 물체의 낙하 및 비래에 의한 위험을 방지 또는 경감시키기 위한 것 | 합성수지<br>알루미늄 | 비내전압성 |
| B | 추락에 의한 위험을 방지 또는 경감시키기 위한 것 | 합성수지<br>FRP | 비내전압성 |
| AB | 물체의 낙하 또는 비래 및 추락에 의한 위험을 방지 또는 경감시키기 위한 것 | 합성수지<br>FRP | 비내전압성 |

표 4. 2 안전모의 구분(계속)

| 종류(기호) | 사 용 구 분 | 모체의 재질 | 내전압성 |
|---|---|---|---|
| AE | 물체의 낙하 및 비래에 의한 위험을 방지 또는 경감하고 머리부위 감전에 의한 위험을 방지하기 위한 것 | 합성수지 | 내전압성 |
| ABE | 물체의 낙하 또는 비래 및 추락에 의한 위험을 방지 또는 경감하고, 머리 부위 감전에 의한 위험을 방지하기 위한 것 | 합성수지 | 내전압성 |

## 2. 구조와 기능

안전모는 1종 및 2종에 있어서는 안쪽에 속덮개 및 땀막이 가죽을 달고 감전과 낙하물로부터 머리를 보호하는 구조이어야 한다.

모체는 충전부에 닿았을 경우에 감전위험으로부터 머리를 보호할 수 있는 것이라야 하며, 착장체는 모체에 구멍을 뚫지 않고 덧붙여야 한다. 이는 모체에 구멍을 뚫으면 우천시에는 이 구멍으로 물이 스며들어 감전되기 쉽기 때문이다.

1종이나 2종에 있어서는 두정부와 모체내 정면과의 간격이 안전모를 정상으로 썼을 때 25mm 이상이어야 하며, 안전모를 쓰고 작업을 해도 불편함이 없어야 한다. 종류는 중량에 따라 350g 이하는 1종, 400g 이하는 2종, 600g 이하는 3종으로 나뉜다.

안전모의 각 부품에 사용하는 재료 등은 쉽게 부식하지 않아야 하며, 피부에 해로운 영향을 주지 않고 사용목적에 따라 내열성, 내한성 및 내수성을 보유해야 한다. 모체의 표면은 밝고 선명한 색채로 선택하고 안전모의 착장체, 턱끈 등은 부속품을 제외한 무게가 0.44kg을 초과해서는 안 된다.

## 3. 성능시험

안전모는 내관통성, 충격흡수성, 내전압성, 내수성, 내연성 등의 다섯 가지 성능을 가져야 하며, 보호구의 검정시험을 통하여 그 성능을 확인한다. 성능시험은 다음 표와 같다.

표 4.3 성능시험

| 항 목 | 성 능 | 적용 시험 항목 |
|---|---|---|
| 1. 내관통성 시험 | 종류 AE, ABE의 안전모는 관통거리가 9.5 mm 이하, 종류 A, B, AB 안전모는 관통거리가 11.1 mm 이하이어야 함(단, 관통거리에 모체의 두께가 포함된다). | 제 11 조 |
| 2. 충격흡수성 시험 | 전달충격력의 평균이 3781N(850 pounds) 이하이어야 한다. 최고 전달충격력이 4450 N (1000 pounds)를 초과해서는 안 됨. | 제 12 조 |
| 3. 내전압성 | 종류 AE, ABE의 안전모는 1분간 견디고 또한 충전전류가 20 kV에 있어서 10 mA 이하이어야 함. | 제 13 조 |
| 4. 내수성 | 종류 AE, ABE의 안전모는 질량증가율이 1% 미만이어야 함. | 제 14 조 |
| 5. 내연성 | 종류 AE, ABE의 안전모는 연소를 계속할 때 또는 계속하지 않을 때 연소시간이 60초 이상이어야 함. | 제 15 조 |

## 4. 선택방법

작업성질에 따라서 두부에 가해지는 각종 위험으로부터 보호할 수 있는 종류의 안전모를 선택해야 한다. 규격에 맞아야 하며 성능검정에 합격한 제품의 안전모를 선택하여 머리에 꼭 맞고, 가볍고 성능이 좋아야 한다.

사용방법은 바르게 착용하고 사용해야 하며 충격을 받은 것과 외관에 손상이 있는 것은 사용을 피해야 한다. 보관방법으로는 착장체는 최소한 1개월에 한 번 60℃의 물에 비누나 세척제로 세탁해야 하며, 휴식을 취할 때는 안전모를 지상에서 조금 떨어진 곳에 걸어두어 모체에 흠집이 나지 않도록 하고 통풍이 잘 되도록 해야 한다. 그리고 사용하던 안전모를 제 3 자에게 지급할 때는 깨끗이 세탁하고 소독한 후에 지급해야 하고, 모체에 페인트, 기름 등으로 오염된 경우는 유기용제를 사용해야 하는데 강도에 영향이 없어야 한다. 착장체는 충격을 흡수하는 역할을 하므로 헐거워지거나 찢어져서는 안 된다. 그리고 항상 일정량의 여분을 보관하고 있다가 필요시 교체해야 한다.

교환은 작업조건과 종류에 따라 매우 다양하나 일반적인 내용년수는 열가소성수지의 경우는 약 2년, 열경화성수지(FRP)는 약 3~4년이다. 따라서 이 기간이 지나면 폐기처분하고, 새 안전모를 지급하는 것이 좋으며 그러나 이 기간 동안이라도 겉모양에 이상이 생기면 즉시 교환해야 한다.

## 4. 2. 2 안면보호구

### 1. 보안경

눈보호구를 보안경이라고 하며 사용구분과 렌즈의 재질에 따라 각각 다른 보호구를 착용해야 한다. 보안경의 일반적인 조건은 취급이 간편하고 쉽게 파손되어서는 안 되며 착용시 심한 불쾌감을 주지 않아야 한다. 또한 착용자에게 상처를 줄 수 있는 위험부위가 없어야 할 것이며, 각 부품은 쉽게 교환할 수 있어야 한다.

보안경의 재료는 일반적으로 강도 및 탄성 등이 용도에 적절해야 하고 피부 접촉부는 피부에 해가 없어야 한다. 또한 내식성, 내습성, 내열성 및 내연성이어야 한다는 조건이 전제된다.

렌즈의 구비조건은 줄이나 흠, 기포, 비뚤어진 데가 있어서는 안 되며, 빛의 투과율은 신품의 경우에는 적어도 투사광선의 약 90%를 투과하는데 70%를 내려서서는 안 된다. 또한 렌즈의 강도가 요구될 경우에는 강화 렌즈를 사용할 필요가 있으며, 불완전한 시력을 알맞게 광학적으로 교정하는 렌즈 이외는 렌즈의 양면을 매끈하고도 평행으로 만들지 않으면 안 된다.

화학약품을 취급할 때의 보안경은 렌즈의 표면이 부착물 또는 가스와의 화학반응에 의해 훼손되는 일이 있으므로 필요에 따라 유리 이외의 적당한 재료로 된 렌즈를 사용하는 것이 좋은 경우도 있으며 보안경의 종류는 사용 구분과 렌즈의 재질에 따라 표 4.4와 같이 분류한다.

표 4.4 보안경의 종류

| 종 류 | 사 용 구 분 | 렌즈의 재질 |
|---|---|---|
| 차 광 안 경 | 눈에 대하여 해로운 자외선 및 적외선 또는 강렬한 가시광선(이하 '유해광선')이 발생하는 장소에서 눈을 보호하기 위한 것 | 유 리 및 플라스틱 |
| 유리보호안경 | 미분, 칩 기타 비산물로부터 눈을 보호하기 위한 것 | 유 리 |
| 플라스틱보호안경 | 미분, 칩 기타 비산물로부터 눈을 보호하기 위한 것 | 플라스틱 |
| 도 수 렌 즈 보 호 안 경 | 근시, 원시 혹은 난시인 근로자가 차광안경, 유리보호안경, 플라스틱보호안경을 착용해야 하는 장소에서 작업하는 경우, 빛이나 비산물 및 기타 유해물질로부터 눈을 보호함과 동시에 시력을 교정하기 위한 것 | 유 리 및 플라스틱 |

### (1) 차광안경

광선은 400~700mμ의 파장을 가진 가시광선, 400mμ보다 짧은 자외선, 700mμ보다 장파장인 적외선으로 대별되어지는데, 일반적으로 눈은 강한 자외선에 따라 얻게 되는 적외선 및 가시광선도 언제나 무해할 수는 없다. 그러므로 경우에 따라서는 적당한 안경을 써서 눈을 보호하지 않으면 안 된다. 특히, 빛이 특별히 강한 경우 또는 특수한 광선이 쬐일 때에는 유해광선 때문에 눈의 장해를 일으키게 된다. 따라서 이런 경우에는 적당한 안경을 써서 눈을 보호하지 않으면 안 된다.

차광안경은 가시광선을 적당히 투과하며 자외선과 적외선을 허용치 이하로 약화시킬 수 있는 조건이 되어야 한다. 일반적으로 렌즈색은 흑색, 황적색, 황색, 황록색, 녹색, 청록색이 있으며, 가장 이상적인 차광보호구의 색은 순도가 높지 않은 녹색과 자색, 그리고 청색이 가미된 색이라고 할 수 있다.

차광안경의 생명은 명암도인데, 명암도는 우선적으로 투과율로 표시되어지며, 이는 일반적으로 Weber-Fechener의 법칙에 따른다고 알려져 있으며, 안경의 농도 $D$는 다음 식과 같이 표시하고, 차광안경의 종류 및 형식은 안경의 형태에 따라 구별되어지며, 이는 표 4.5와 같다.

$$D = \log \frac{1}{T} = \frac{3}{7}(S-1)$$

$T$ : 투과율
$S$ : 차광도

표 4.5 차광안경

<table>
<tr><th>종 류</th><th colspan="3">형 식</th><th>기 호</th></tr>
<tr><td rowspan="12">차광안경</td><td rowspan="8">스펙터클형</td><td rowspan="4">사이드실드 없음</td><td>보통안경형</td><td>A-1</td></tr>
<tr><td>단식상하자재형</td><td>A-2</td></tr>
<tr><td>복식상하자재형</td><td>A-3</td></tr>
<tr><td>안전모부착형</td><td>A-4</td></tr>
<tr><td rowspan="4">사이드실드 있음</td><td>보통안경형</td><td>B-1</td></tr>
<tr><td>단식상하자재형</td><td>B-2</td></tr>
<tr><td>복식상하자재형</td><td>B-3</td></tr>
<tr><td>안전모부착형</td><td>B-4</td></tr>
<tr><td colspan="2" rowspan="2">프론트형</td><td>고정형</td><td>C-1</td></tr>
<tr><td>상하자재형</td><td>C-2</td></tr>
<tr><td colspan="2" rowspan="2">고글형</td><td>1안형(상자형)</td><td>D-1</td></tr>
<tr><td>2안형(컵형)</td><td>D-2</td></tr>
</table>

표 4.6 눈 및 안면 보호구의 용도

| 작업의 종류 | 위험의 종류 | 보호구의 선택 |
|---|---|---|
| 산소아세틸렌불꽃용접, 용단, 용해, 용융 | 스파크, 유해광선, 쇳물(용융) 비산물 | 7, 8, 9 |
| 화학물질 취급작업 | 액체의 튀김, 산에 의한 부식 (burning), 유독한 연기(fumes) | 2 (심할 경우 10을 겸용) |
| 절단작업 | 비산물 | 1, 2, 3, 4, 5, 6 |
| 전기(아크)용접 | 스파크, 강한 불빛, 쇳물 | 11 (필요한 경우 4, 5, 6을 유색렌즈로 겸용) |
| 주물작업 (용광로작업) | 불꽃, 열, 쇳물 | 7, 8, 9 (악조건의 작업이면 10을 겸용) |
| 그라인딩 (가벼운 것) | 비산물 | 1, 3, 5, 6 (악조건의 작업이면 10을 겸용) |
| 그라인딩 (심한 것) | 비산물 | 1, 3 (악조건일 때 10을 겸용) |
| 기계가공작업 | 비산물 | 1, 3, 5, 6 (악조건일 때 10을 겸용) |
| 실험실 | 화공약품의 튀김, 유리파편 | 2 (5, 6과 10을 겸용) |
| 금속의 용해 | 열, 불빛, 스파크, 쇳물튀김 | 7, 8 (10을 쓸 때 차광렌즈 5, 6 겸용) |
| 스파크 용접 | 비산물, 스파크 | 1, 3, 4, 5, 6 (차광렌즈가 좋고 심한 경우 10을 겸용) |

1. 페이스실드만으로는 적절한 보호기능을 하지 못함.
2. 쇳물이 튀는 작업에는 플라스틱렌즈를 사용할 것
3. 콘택트렌즈 그 자체로 산업용보호구가 될 수 없으므로 보호가 필요한 작업장에서는 적절한 눈보호구를 겸용할 것

### (2) 유리보호안경 및 플라스틱 보호안경

방진안경으로서 미분, 칩, 기타 비산물로부터 눈을 보호하기 위한 보호구이다. 보통 안경형, 측면부착 안경형으로 나누어지며, 성능은 겉모양, 금속부품의 내식성을 구비해야 하며, 특히 렌즈는 겉모양시험, 평행도시험, 굴절력시험, 투명도시험, 간섭무늬시험(유리), 내열성시험(플라스틱), 강도시험, 파쇄면시험(유리), 표면마모 저항시험(플라스틱)에 합격해야 한다.

### (3) 도수렌즈 보호안경

도수렌즈 보호안경은 적당한 도수가 있는 보호렌즈를 가진 고글이나 스펙터클로 구성되며 시력 교정용안경 위에 아무 불편 없이 착용 가능한 고글이어야 한다.

성능시험으로는 유리보호안경 및 플라스틱 보호안경의 시험 외에 평면횡단시험, 가장자리 횡단시험에 합격해야 한다.

## 2. 보안면

보안면은 유해광선으로부터 눈을 보호하고, 열 또는 파편에 의한 화상위험으로부터 안면부를 보호하기 위하여 착용하는 보호구로서, 용접용보안면은 헬멧(helmet)형과 핸드실드(hand shield)형으로 구분한다.

헬멧형의 면체는 안면, 머리 및 목을 방사선, 복사열 및 불꽃으로부터 방호되어야 하고, 창은 시야를 방해해서는 안 되며 특히, 방사선이 새어나오지 않도록 견고한 구조여야 하고, 헤드밴드는 면체가 착용자의 머리에 접촉하지 않도록 고정시킬 수 있어야 한다.

핸드실드(hand shield)형은 핸드클립(hand clip)이 흔들리지 않도록 면체에 견고하게 부착되어야 함과 동시에 턱걸이가 없어야 하며 뾰족한 모서리나 요철이 없어야 한다. 그리고 일반보안면은 점용접작업, 비산물이 발생하는 철물기계작업, 연마, 광택, 철사의 손질,

그라인딩(grinding)작업, 가루나 분진이 발생하는 목재가공작업 등에 사용되어진다.

구조로 보면 투시부는 안면과 눈을 보호하고 전면을 볼 수 있도록 무색투명, 유색투명, 그물형 등으로 구성된다. 투시부지지대는 안면에서 투시부와 적당한 거리가 유지되도록 하고, 띠나 머리 위 끈보호대가 있도록 제작하며, 투시부 부착장치는 투시부를 쉽게 교환할 수 있도록 설계되어져야 한다.

머리덮개는 열전도율이 낮고 챙이 큰 구조여야 한다. 또, 머리둘레끈은 투시부를 머리에 고정시키기 위하여 감싸는 끈을 말하며 머리보호대는 머리를 편안하게 닿도록 해주는 보호대를 말한다.

표 4.7 보안면의 종류

| 종 류 | 사 용 구 분 | 렌즈의 재질 |
|---|---|---|
| 용접용 보안면 | 아크용접 및 가스용접, 절단작업시에 발생하는 유해한 자외선, 가시광선 및 적외선으로부터 눈을 보호하고, 용접광 및 열에 의한 화상 또는 가열된 용재 등의 파편에 의한 화상의 위험에서 용접자의 안면, 머리부분 및 목부분을 보호하기 위한 것 | 발카나이즈도파이버 및 유리섬유 강화플라스틱(F.R.P) |
| 일반 보안면 | 일반작업 및 점용접작업시 발생하는 각종 비산물과 유해한 액체로부터 얼굴, 머리의 전면, 이마, 턱, 목 앞부분, 코, 입을 보호하고 눈부심을 방지하기 위해 적당한 보안경 위에 겹쳐 착용하는 것 | 플라스틱 |

재료의 성질은 기계적으로 충분한 강도가 있고 착용시 피부에 해가 없어야 하며, 수시로 세탁, 소독이 가능해야 한다. 투시부는 내충격성, 내관통성, 가시광선 투과성, 난연성 등을 가져야 하며, 구조 그 자체는 내연성, 내식성을 겸비해야 한다.

## 4. 2. 3 호흡용 보호구

호흡용보호구는 잘못하게 되면 그 피해가 대형사고로 이어지는 사례가 많으므로 각종 호흡용장비가 어떤 위험한 작업에 인가된 것인가를 정확히 알아야 하고, 주용도 외에는 절대 사용되지 않아야 되므로 작업특성에 가장 알맞은 형태를 선택해야 한다. 위험에 따른 보호구의 권고사항을 서술하면 다음 표 4. 8과 같다.

표 4. 8 호흡용 보호구의 종류

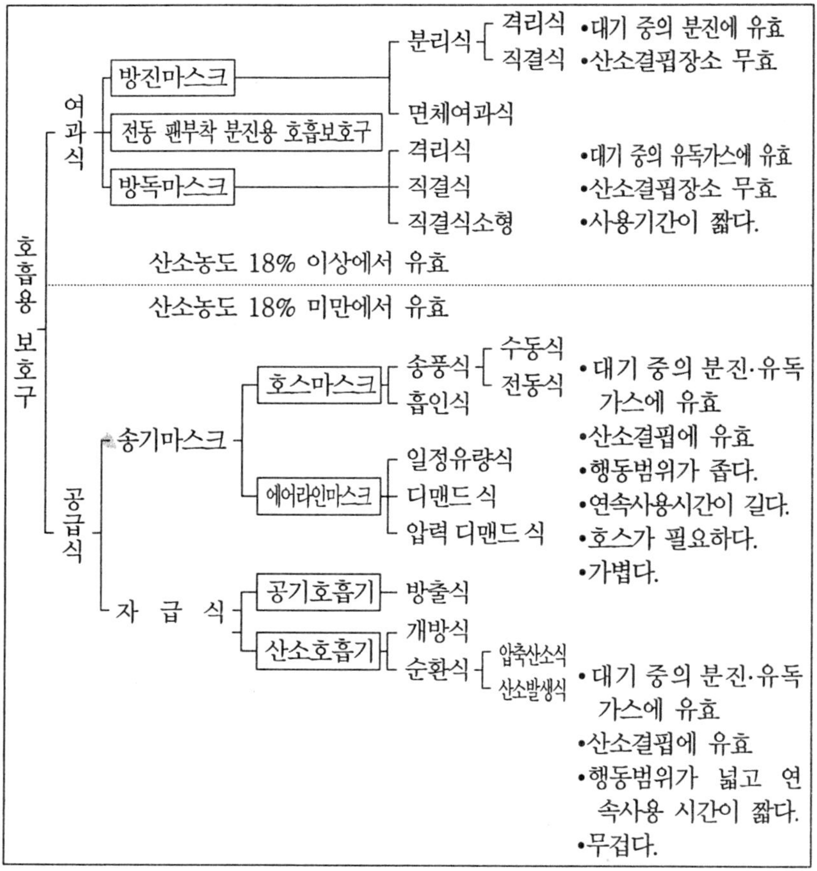

## 1. 공기 공급식

### (1) 자 급 식

자급식은 일명 SCBA(Self-Contained Breathing Apparatus)라고 불리어지는 것으로 산소만 사용하는 순환식과 압축공기, 산소 등이 사용되는 개방식으로 분류되어진다.

자급식은 착용자가 공기 등을 직접 운반해야 하며, 생명에 위급한 경우, 대기 중에 사용되는 것으로 자체중량이 무겁고, 유지관리가 어려우며, 사용에 따른 철저한 훈련이 요망되는 단점이 있다.

### (2) 호스마스크 및 에어라인마스크

호스마스크(hose mask)는 전면마스크, 호흡관, 공급용호스로 구성되어지며, 호흡관은 착장대에 착실하게 부착되어 있어야 한다. 에어라인마스크(airline mask)는 압축기 또는 가압공기실린더에 직경이 작은 에어라인을 통하여 공기를 공급하는 형태이다.

이들은 공기를 운반할 필요가 없으므로 가볍고 간단하지만, 호스와 에어라인으로 인하여 활동에 제한이 있으며, 들어갈 때와 나올 때 같은 길을 되돌아나와야 하는 번거로움과 호스와 라인의 손상을 가져올 수도 있다.

## 2. 공기 정화식

### (1) 방독마스크

방독마스크(gas mask)는 흡수관에 들어 있는 흡수제에 따라 각종의 유해물에 대응해서 각각 그 용도가 다르므로 사용시 유의해야 한다. 방독면 사용시 파괴여부를 어떻게 감지할 것인가가 최대의 문제점이라 할 수 있는데, 이는 냄새나 자극을 느꼈을 때를 한도로 보는 것이 보통이지만, 일산화탄소와 같은 무취인 것은 감지할 수 없다.

파괴 여부를 알기 위해서 호흡횟수가 나타나는 검지기가 있는 것도 있으나, 일부에 한한 것이며, 불편하기는 하나 파괴곡선으로부터 관의 여명을 측정할 수밖에 없는 형편이며, 사용 후는 사용시간을 기록하여 둔다.

재료는 강도와 탄성이 양호하고, 피부접촉부분은 피부에 유해한 영향을 주지 않아야 하며, 금속재료는 내식성 처리를 해야 한다. 또한 방독마스크의 성능은 기밀성 시험, 배기밸브의 작동기밀성 시험, 마스크의 통기저항시험, 미립자상 물질 포집효율시험, 정화통의 제독능력시험, 마스크의 내한성 시험, 면체의 내약품성 시험, 마스크의 내열성 시험 등을 들 수 있다.

방독마스크의 종류는 아래 표와 같이 직결식, 격리식, 직결식 소형으로 구분되어지며, 가스 또는 증기농도 2%(암모니아 3%)는 격리식, 가스농도가 1%(암모니아 1.5%)는 직결식을 사용하고, 직결식 소형은 0.1% 이하의 대기 중에서 사용되며, 일반적으로 산소가 18% 이하에 있는 경우는 방독마스크는 사용할 수 없다.

표 4.9 마스크의 종류

| 마스크의 구성 | 면체의 형식 |
|---|---|
| 격리식 | 전면형 |
| | 반면형 |
| 직결식 | 전면형 |
| | 반면형 |
| 직결식소형 | 전면형 |
| | 반면형 |
| | 구편형 |

표 4.10 대상 가스별 흡수제의 종류

| 종류 | 표지 | | 대응독물 | 주성분 |
|---|---|---|---|---|
| | 기호 | 색 | | |
| 보통가스용 | A | 흑색,회색 | 염소 및 할로겐류, 포스겐, 유기 및 산성가스 | 활성탄, 소다라임 |
| 산성가스용 | B | 회색 | 염산, 할로겐화수소, 산, 탄산가스, 이산화질소, 산화질소 | 소다라임, 알칼리제제 |
| 유기가스용 | C | 흑색 | 유기가스 및 증기, 이황화탄소 | 활성탄 |
| 일산화탄소 | E | 적색 | 일산화탄소, 전이에너지 | 호프카라이트, 방습제 |
| 소방용 | F | 적색,백색 | 화재시와 연기용 | 종합제제 |
| 연기용 | G | 흑색,백색 | 아연 및 금속흄, 기름연기 | 활성탄, 여충 |
| 암모니아용 | H | 녹색 | 암모니아 | 큐프라마이트 |
| 아황산용 | I | 등색 | 아황산 및 황산미스트 | 산화금속, 알칼리제제 |
| 청산용 | J | 청색 | 청산 및 청산화물 증기 | 산화금속, 알칼리제제 |
| 황화수소용 | K | 황색 | 황화수소 | 금속염류, 알칼리제제 |

표 4.11 정화통의 종류

| 대상가스 | 적합한 마스크의 구성 | | |
|---|---|---|---|
| | 격리식 | 직결식 | 직결식 소형 |
| 할로겐가스용 | ○ | ○ | ○ |
| 산성가스용 | ○ | ○ | ○ |
| 유기가스용 | ○ | ○ | ○ |
| 일산화탄소용 | ○ | ○ | — |
| 일산화탄소용<br>유기가스용 | ○ | — | — |
| 암모니아용 | ○ | ○ | ○ |
| 아황산가스용 | ○ | ○ | ○ |
| 청산용 | — | ○ | ○ |
| 황화수소용 | ○ | ○ | ○ |

### (2) 방진마스크

방진마스크(dust mask)는 격리식과 직결식의 두 형식이 있으며, 여과효율이나 통기저항에 따라 등급이 정해져 있다.

여과효율이 특급은 99% 이상, 1급은 95% 이상, 2급은 85% 이상으로 구분되고 흡배기저항은 특급 8mm$H_2O$ 이하, 1급과 2급은 6mm$H_2O$ 이하로 구분한다.

방진마스크가 지녀야 될 구비조건은 여과효율이 좋아야 하며, 흡배기저항이 낮고, 사(死)용적이 적고, 중량이 가벼워야 한다. 또한 넓은 시야를 가져야 하며, 안면밀착성이 좋고, 고무질이 피부접촉 부위에 밀착성 및 해가 없어야 한다. 여과효율은 높을수록 좋으나 경제성과 호흡저항 때문에 여과효율만을 강조할 수는 없다.

일반적으로 특급은 수은, 비소, 납, 망간, 아연 등 중독을 일으킬 위험이 높은 분진이나 흄(fume)을 발산하는 작업과 방사성 물질의 분진이 비산하는 장소에서 사용된다. 그리고 특급 혹은 1급을 사용해야 하는 작업에는 앞에서 지적한 물질 이외의 분진작업으로서 갱내 또는 암석이나 암석과 유사한 광물을 뚫는 작업, 동력을 이용하여 토석, 암석, 광석을 파쇄, 분쇄하는 작업, 분상의 광물물질을 선별, 혼합 또는 포장하는 작업, 금속을 전기아크용접 또는 용단하는 작업이 있고, 주물공장에서 사형을 사용하고 사락작업을 할 경우, 석면을 재료로 사용한 사업장, 현저히 분진이 많은 사업장에서 사용된다.

방진마스크의 재료시험은 금속의 부식시험, 고무의 비중시험, 고무의 인장강도, 신장률 및 경도시험 및 노화시험 등이 있고, 방진마스크의 성능시험에는 흡기저항시험 분진포집 효율시험, 배기저항시험, 흡기저항 상승시험, 배기면의 작동기밀시험 등이 있다.

## 4. 2. 4 소음방지용 보호구

소음방지용 보호구라 함은 보통 방음보호구로서 귀마개와 귀덮개로 구분되어지며, 종류는 다음과 같다.

표 4. 12 소음방지 보호구

| 형 식 | 종 류 | 기 호 | 적 용 |
|---|---|---|---|
| 귀마개 | 1종<br>2종 | EP-1<br>EP-2 | 저음부터 고음까지를 차음하는 것<br>고음만을 차음하는 것 |
| 귀덮개 | | EM | 저음부터 고음까지를 차음하는 것 |

| 인체에 대한 효과 | 소음수준 dB(A) | 소 음 원 |
|---|---|---|
| 매우 위험함 | 140 | 제트기엔진 |
| | 130 | 리벳 망치 |
| | | 고통을 느끼는 한계 |
| | 120 | 프로펠러 비행기 |
| | 110 | 착암기, 전기톱 |
| 손상 가능함 | 100 | 판금공장 |
| | 90 | 큰 트럭 |
| 위험함 | 80 | 교통량이 많은 거리 |
| 대화 불가능 | 70 | 고급 승용차 |
| 불쾌한 자극 | 60 | 정상적인 크기의 대화 |
| | 50 | 낮은 목소리의 대화 |
| | 40 | 조용한 라디오 음악 |
| | 30 | 속삭임 |
| | 20 | 조용한 도시의 아파트 |
| | 10 | 낙엽 스치는 소리 |
| | 0 | 들을 수 있는 한계 |

그림 4. 1 소음에 따른 인체불편도

### 1. 소음보호구

귀마개는 먼저 귀에 잘 맞고, 사용중에 현저한 불쾌감이 없어야 하며, 사용중에 쉽게 탈락하지 않아야 한다. 분실을 방지할 수 있도록 적당한 곳에 끈으로 연결시키면 더욱 좋다. 또한 귀덮개의 캡(cap)은 귀 전체를 덮어야 하며 발포플라스틱 등 흡음재로 감싸 차음 효과를 높이고, 쿠션(cushion)은 우레탄폼 또는 공기, 물, 액체를 넣은 플라스틱튜브 등으로 귀의 주위에 밀착시키는 구조로 하고, 헤드밴드 또는 서스펜션은 길이조절이 가능하고 스프링은 탄력성이 있어서 압박감 또는 불쾌감을 주지 않아야 한다.

재료의 성능조건은 강도, 경도, 탄성 등이 용도에 적합하고, 피부에 해로운 영향을 주지 않으면서 소독이 가능한 재료를 택하고 금속은 방청처리를 해야 하며 소독할 수 있어야 한다. 특히, 플라스틱 재료는 내열성, 내한성, 내유성을 가져야 한다.

### 2. 선 택 법

소음수준 및 작업내용에 알맞은 종류와 구조를 선택하여 사용시 불쾌감과 압박감을 주지 않아야 한다. 사용하는 재료는 위의 조건을 만족시키면서 일반적으로 귀마개의 감음률은 고주파수에서 25~30dB이고, 귀덮개는 35~45dB이므로 귀마개는 115~120dB에서, 귀덮개는 130~135dB에서 작업가능하다. 또한 귀마개와 귀덮개를 동시에 착용하면 추가로 3~5dB까지 감음이 가능하다. 하지만 어떤 경우에도 50dB을 감음시킬 수는 없다. 차음력으로는 2000Hz에서 −20dB, 4000Hz에서는 −25dB 이상의 차음력을 가질 수 있어야 한다.

## 4.2.5 안전대

안전대는 1종, 2종, 3종, 4종으로 구분하며, 그 사용방법은 표 4.

13과 같다.

표 4. 13 안전대의 종류

| 종 류 | 사 용 방 법 | 비 고 |
|---|---|---|
| 1 종 | U자걸이 전용 | |
| 2 종 | 1개걸이 전용 | 클립부착 포함 |
| 3 종 | 1개걸이, U자걸이 공용 | |
| 4 종 | 1개걸이, U자걸이 공용 | 보조후크 부착 |

## 1. 안전대 강도

안전벨트는 적어도 폭 12cm, 두께 6mm이어야 하고, 최소한 1,150kg의 최대 파단강도를 지니고 있지 않으면 안 되는데, 끈은 양질의 마닐라로프 또는 이와 필적하는 강도를 지니고 있는 재료로 만들어야 한다.

## 2. 안전대 구조

U자걸이로 사용할 수 있는 안전대의 구조는 동체대기벨트, 각 링 및 신축조절기가 있고 D링 및 각 링은 안전대 착용시의 동체 양측에 해당하는 곳에 위치해야 한다.

그리고 신축조절기가 로프로부터 이탈하지 않아야 하며, 보조훅 부착 안전대의 구조는, 신축조절기의 역방향으로 낙하저지기능을 갖추어야 한다. 단, 로프에 스토퍼가 부착될 경우에는 이에 해당하지 아니한다.

U자걸이 전용안전대의 구조는 훅(hook)이 열리는 폭이 로프의 직경보다 작고, 8자형링 및 세개이음형 고리를 갖추지 않아야 한다.

## 3. 사용상 주의

훅을 D고리에 걸 때는 똑바로 되었는가를 확인하고 주상안전대의

U자걸이 작업에서 안전대 체중을 걸 때는 처음에 손으로 전주나 완목을 꼭 붙들고, 서서히 안전대에 체중을 걸어, 신축조절기가 확실히 작용하고 있는가를 테스트해 본 다음 조절기가 미끄러지지 않는 것을 확인한 후에 본격적으로 체중을 걸어 작업에 착수한다.

식물섬유제의 로프는 습기나 산, 기타의 약품에 상하기 쉬우므로 주의하고 매단 부분보다 위로 올라가 작업하면, 만약에 추락할 경우 낙하거리가 커져서 신체에 받는 충격하중도 커져 위험하므로 로프를 구조물에 매다는 높이는 작업점보다도 높게 설치해야 한다. 그리고 안전대용 로프의 구비조건은 최근에는 여러 가지 재질로 된 로프가 시판되고 있으며, 일반적으로 부드럽고, 되도록 매끄럽지 않으며, 충격, 인장강도, 완충성, 내열성, 내마모성을 충분히 갖추고, 습기나 약품류에 침범당하지 않는 로프가 바람직하다.

### 4.2.6 발보호구

재료의 가공, 조립작업 및 하물적재시 물품의 해, 발의 상해 및 화학공장 등에서의 유해물작업과 전기를 다루는 작업과정에서 발의 상해를 예방하기 위하여 각종 안전화를 착용하게 된다.

안전화의 종류는 가죽제 안전화, 고무제 안전화, 정전화, 방호안전화, 절연안전화, 절연안전장화 등으로 분류되며, 대표적인 안전화를 설명하면 아래와 같다.

#### 1. 가죽제 안전화

구조는 발가락 끝부분에 선심을 넣어 압박 및 충격에 대하여 착용자의 발가락을 보호할 수 있는 구조로서 착용감이 좋고 작업에 편리해야 하며, 견고하게 제작되어 부분품의 마무리가 확실하고 형상은 균형이 잡히도록 하며, 선심의 내측은 헝겊, 가죽, 고무 또는 플라스틱 등으로 감싸고 특히, 후단부의 내측은 보강되어야 한다.

성능은 내압박성 및 내충격성 시험방법에 따라서 시험한 후 안창과 선심 사이가 각각 15mm 이상이어야 하며, 또한 내답발시험에 적합해야 하고 사이즈가 맞고, 잘 구부러지고 신축성이 있도록 한다.

## 2. 고무제 안전화

구조는 안창포, 심지포 및 안에 부착하는 제품의 안감에 사용하는 융 등을 사용하고 견고하게 제조하여 모양이 균일하게 하고, 접합부분 또는 부착부분의 밀착이 양호하며 물이 새지 않고 흠이 없어야 한다. 그리고 사용할 시에 흠, 균열, 기포, 이물혼입 기타 유사한 결점이 없어야 한다.

성능에서 고무는 인장시험 및 노화시험에 합격해야 하고 포는 4kgf/cm$^2$ 이상의 파열강도를 가져야 한다. 선심은 압박시험과 충격시험을 실시한 후 선심의 바닥과 아치 뒷부분의 가장 변형이 심한 곳과의 간격이 22mm 이상이어야 하고, 균열이 없어야 하며, 내식성이어야 한다. 또한 침수시험과 내전압시험, 압박시험, 충격시험에 합격해야 한다.

## 3. 정전제 안전화

구조는 인체에 대전된 정전기를 구두바닥을 통하여 대지로 누설시키는 전기회로가 형성될 수 있는 재료를 사용하며 겉창은 전기저항 변화가 적고 조직이 균일한 합성고무를 사용해야 한다. 구두 내부의 땀이나 마모로 인하여 습기가 차거나 더럽혀져서는 안 되며 전기저항의 변화가 적은 안정된 재료를 사용해야 한다.

종류로는 가죽제 정전안전화, 가죽제 정전작업화, 고무제 정전안전화, 고무제 정전작업화 등이며 기타 발의 보호구로는 방호안전화, 절연안전화, 절연용 고무장화 등이 있다. 안전화의 사용시 주의점은 가죽에 산화철이 닿으면 부식손상이 우려되므로 주의하고, 가죽 실밥이 끊어지지 않도록 하며, 가성소다가 닿지 않도록 하고 고열에 악화되어서는 안 된다.

땀 속의 성분인 유산, 염분도 가죽에 악영향을 주며 전기감전의 가능성이 있기 때문에 안전화 사용시 주의해야 한다.

### 4. 2. 7 손보호구

산업재해에서 상해별로 보았을 때 손 특히, 손가락의 상해가 으뜸을 차지하고 있다. 거의 모든 작업이 손으로 이루어지므로 그만큼 재해가 많다고 할 수 있을 것이다. 그러나 보호구의 부적당함에 의해 재해가 많아짐도 무시하지 못한다.

일반적으로 용접용과 전기용으로 구분하지만 세부적으로 보면 표 4. 14와 같다.

표 4. 14 손 보호구의 종류

| 종 류 | 재 료 | 규 격 |
|---|---|---|
| 일반작업용 | 천연, 합성섬유(면, 나일론, 비닐론 등),<br>소가죽(크롬 무두질), 고무 | KSM 6643 |
| 용 접 용 | 소가죽(크롬 무두질) | JIST 8113 |
| 내 열 용 | 석면, 알루미늄으로 표면처리한 석면 | |
| 내 화 학<br>약 품 용 | 고무, 합성고무, 플라스틱 | JIST 8116<br>KSC 7200 |
| 전 기 용 | 고무, 플라스틱 | JIST 8112<br>KSC 3901 |
| 방 진 용 | 합성고무, 거품고무(foam rubber) | |
| 절상방지용 | 금속, 특수섬유 | |

### 1. 일반 작업용 장갑

물건 취급시 촉감과 구부러짐이 좋고 물건 취급시 미끄러지지 않아야 한다. 물건 취급시 마모가 적어야 하며, 사용재료는 면, 나일론, 비닐, 쇠가죽 등 일반화되어 있다.

### 2. 전기용 고무장갑

300~7,000V의 전기회로의 작업에 사용되는 것으로서 선택요령은 검정품인가를 확인하고 사용 작업의 전압에 맞는지를 확인하고 착용해야 한다.

외부의 파손방지를 위해 가죽장갑을 착용하고 고열, 직사광선을 피하여 손상을 방지하고, 계속 사용시 6개월에 1회 정도 정기적인 절연성능시험을 실시한다. 전류에 따른 종류는 아래와 같다.

표 4. 15 고무장갑의 종류

| 종류 | 용도 |
|---|---|
| A종 | 주로 300V를 초과 교류 600V 또는 직류 750V 이하의 작업에 사용 |
| B종 | 주로 교류 600V 또는 직류 750V를 초과 3500V 이하의 작업에 사용 |
| C종 | 주로 3500V를 초과 7000V 이하의 작업에 사용 |

# 4. 3 안전표지

## 4. 3. 1 안전표지 정의

유해 위험한 기구나 자재의 취급장소에서 작업자가 예상되는 재해를 사전에 방지하도록 경각심을 일깨우는 것으로 표지에는 행동

금지의 안전명령인 금지표지, 위험을 알리고 주의환기를 의미하는 경고표지, 비상구, 의무실, 구급용구, 위치표시를 하는 안내표지, 작업전 보호구 착용지시를 나타내는 지시표지 등 네 가지로 분류하며, 이는 작업대상의 유해 위험성의 성질에 따라 작업행위를 통제하고, 대상물을 신속 용이하게 판별하여 안전한 행동을 하게끔 해서 재해와 사고를 미연에 방지토록 하는 것이 목적이라 할 수 있다.

### 4. 3. 2 안전표지의 종류

모든 표지는 색깔과 모양에서 우선 용이하게 그 목적을 판별할 수 있도록 구성되어 있으며, 안전표지는 유해 위험한 기계·기구이나 자재의 위험성을 표지로 경고하여 작업자로 하여금 예상되는 재해를 사전에 방지하기 위한 목적을 가진다.

1. 금지표지

금지표지의 바탕은 흰색, 기본모형은 빨간색, 관련부호 및 그림은 검정색을 기본으로 하여 적색 원형으로서 색상 5R, 명도 4, 색채 13의 공진청 규정을 기준한다. 이 표지는 어떤 특정의 행동을 금지시키는 데 있으며, 금지표지는 총 여덟 가지로 출입금지, 보행금지, 차량통행금지, 사용금지, 탑승금지, 금연, 화기금지, 물체 이동금지 표지 등으로 구성된다.

2. 경고표지

이 표지의 바탕은 노란색, 기본모형 관련부호 및 그림은 검정색을 기본으로 하여 흑색 3각형에 경고내용을 표시하는 황색표지로서 색상 2.5Y, 명도 8, 색채 12의 공진청 규정을 기준으로 제정되었으며 위험장소 또는 주의 등을 나타내며 표지명은 인화성 물질, 산화성 물질, 폭발물, 독극물, 부식성 물질, 방사성 물질, 고압전기, 매달린 물체, 낙하물, 고온, 저온, 몸균형상실, 레이저광선, 유해물질, 위험장소 경고표지 등 총 15종이 있다.

### 3. 지시표지

이 표지의 바탕은 파란색, 관련 그림은 흰색을 기본으로 하여 청색 원형바탕에 백색으로서 색상 7.5Pb, 명도 2.5, 색채 7.5의 공진청 규정을 기준으로 제정되었으며 특정 행위를 지시한다. 즉, 보호구 사용 등을 지시하는 안전지시 표지로서 종류별로 보면 보안경 착용, 방독마스크 착용, 보안면 착용, 방진마스크 착용, 안전모 착용, 귀마개 착용, 안전화 착용, 안전장갑 착용, 안전복 착용 지시표지 등 총 9종으로 되어 있다.

### 4. 안내표지

이 표지의 바탕은 흰색, 기본모형, 기본모형 및 관련 부호는 녹색, 바탕은 녹색, 관련부호 및 그림은 흰색을 기본으로 하여 색상 5G, 명도 5.5, 색채 6의 공진청 규정을 기준으로 제정되었으며, 녹색 4각형 표지로 안내를 뜻하는 내용이 그려져 있으며 비상구 및 피난소 기타 사람과 차량의 통제 등에 쓰이며 종류로는 녹십자표지, 응급구호표지, 구급용 들것표지, 세안장치표지, 비상구표지, 좌-우측 비상구표지 등 총 7종이 있다.

이상 네 종류의 안전표지들은 인간의 불안전 행위를 시각적인 자극에 의해 최대한으로 보완하여 사고를 사전에 예방해 보자는 데 있다고 할 수 있다. 이들 네 종류의 안전표지에 있어 색의 종류와 사용한계에 대해 살펴보면 표 4. 16과 같다.

표 4. 16 색의 종류

| 종 류 | 기 준 | 표시사항 | 사 용 예 |
|---|---|---|---|
| 빨 강 | 5R 4/13 | 금 지 | 정지신호, 소화설비 및 그 장소, 유해행위의 금지 |
| 노 랑 | 2.5Y 8/12 | 경 고 | 위험경고, 주의표지, 기계방호물 |
| 녹 색 | 5G 5.5/6 | 안 내 | 비상구 및 피난소, 사람, 차량의 통행표시 |
| 파 랑 | 7.5Pb 2.5/7.5 | 지 시 | 특정 행위의 지시 및 사실의 고지 |
| 흰 색 | N 9.5 | 보 조 | 파랑, 녹색에 대한 보조색 |
| 검정색 | N 9.5 | 보 조 | 문자 및 빨강, 노랑에 대한 보조색 |

## 4. 3. 3 안전표지 규정

1. 산업안전표지가 표시하는 사항을 명백히 하기 위하여 필요한 때는 그 표지의 주위에 그 표시 사항을 글자로 부기할 수 있다. 이 경우 그 글자는 흰색 바탕에 검은색 한글 고딕체로 표기해야 한다.
2. 산업안전표지는 그 용도에 따라 산업안전을 위하여 그 표시사항이 인식되어야 할 곳에 부착하거나 설치해야 한다.
3. 산업안전표지의 재료는 쉽게 파손되거나 변질되지 아니하는 재료로 제작되어야 하며, 그 색채의 물감은 색채고정원료를 배합하여 변질되지 아니하는 것을 사용해야 한다.
4. 산업안전표지는 그 표시내용을 근로자가 빨리 쉽게 인식할 수 있는 크기로 제작되어야 하고, 산업안전표지 속의 그림 또는 부호의 크기는 표지의 크기와 비례해야 하며, 산업안전표지 전체 규격의 30% 이상이 되어야 한다.
5. 야간에 필요한 산업안전표지는 표지에 조명등을 설치하거나 야광물질을 사용하여 제작한다.
6. 산업안전표지의 제작에 필요한 사항으로는 산업안전 색채, 산업안전표지의 기본모형, 산업안전 표지의 종류, 용도, 사용장소, 형태 및 색채를 들 수 있다.

# 제 5 장

# 안 전 교 육

## 5. 1 안전교육

### 5. 1. 1 교육의 필요성

안전교육은 잠재위험의 발전능력을 기르고 비상시 대응력을 기르게 하며 안전사고를 사전에 방지하기 위해 실시한다.

안전교육은 교육의 3요소인 주체, 객체, 매개체, 즉 강사, 수강자, 교재 등을 체계화하여 사고예방을 위해 교육의 기본방향인 사고사례 중심의 안전교육, 안전작업을 위한 교육, 안전의식 향상을 위한 교육을 중심으로 근로자의 자기보호욕구를 충족시켜 안전행위를 하게 하는 것이다.

안전교육은 생산기술의 급격한 발전과 변화에 따라 생산공정이나 작업방법이 새로워지므로 이에 해당되는 새로운 안전기술 지시도 등을 작업자에게 일깨워 줄 필요가 있으며 생산현장의 위험성이나 유해성, 원자재의 취급지식과 방법을 안전교육을 통하여 안전하게 행동으로 옮길 수 있도록 태도를 형성시킬 필요가 있다. 그리고 과거에 발생했던 중대 재해의 사례를 분석하고 그 적절한 대책을 세우는 기법을 통해 산교육을 경험하도록 함으로써 그 능력을 배양하도록 교육하고, 안전지식과 태도교육을 통하여 창의성 있는 특성을 개발시켜 자주적인 안전에 대한 가치관을 심어 줄 필요가 있다.

## 5.1.2 교육지도

지도란, 교사가 방향을 지시하여 조직적으로 계도하는 영향하에 새로운 학생으로 하여금 지식, 기술, 습관에 정통하게 만드는 일로서, 지도는 훌륭한 교사에 의한 훌륭한 방법으로 지도될 때 교육의 목적은 달성될 수 있다.

교사의 자질로 교육목표의 이해, 동기유발, 민주적 태도의 함양, 교육기술의 개선, 인격형성을 학습시켜야만 훌륭한 교육이 될 수 있고 학습의욕의 유도와 방향의 제시, 공감··협동적 학습전개, 학습계획의 조화, 자율적이며 진보적 학습지도, 동기부여, 피교육자의 경험존중, 개별적인 문제해결 지도 등이 교육되어야만 보다 훌륭한 학습효과를 가져 온다고 할 수 있다.

학습의 지도방법은 강의식, 필기식, 신체적 표현, 시청각교재의 이용, 시범, 유도학습의 어려운 문제의 해결지도 등으로 나누지만 지도방법은 상기 지도형태와 수반한 하나의 수단을 뜻하며 대부분의 방법들은 복합으로 이루어지는 경우가 많다.

인간의 다섯 가지 감각을 살펴보면 시각(60%), 청각(20%), 촉각(15%), 미각(3%), 후각(2%)의 효과를 가지는데, 시각효과가 가장 크므로 지도시 시각을 살릴 수 있는 교육이 되어야 한다.

또한 필요한 정보를 수집하고 현장의 의견을 충분히 반영하여 안전교육 시행체계와의 관련을 고려하여 법규정에 의한 교육에만 그치지 않아야 할 것이다.

### 1. 피교육식

교육이나 훈련은 피교육자가 교육내용을 충분히 이해해 주어야만 의미가 있는 것이며, 지도자가 아무리 설명을 하고 시범을 보여 주어도 상대방이 그것을 들어주고 보아주지 않는다면 교육은 하지 않는 것과 마찬가지가 되는 것이다.

### 2. 동기부여식

가르치기에 앞서서 우선 상대방의 알려고 하는 의욕을 일어나게 하는 것이 중요하며, 새로운 지식을 받아들이려 하지 않는 자에게 그 장벽을 헐고 알고자 하는 의욕을 솟아나게 하는 것이 동기부여의 역할인 것이다.

### 3. 반 복 식

지식은 반복에 의해 기억되고, 기억된 것이 신속 정확한 동작을 가능케 한다. 반복학습을 함으로써 지식, 기술, 기능 및 태도가 몸에 익혀져 향상되는 것이다.

### 4. 단 계 식

지도교육을 행할 때 상대방이 이해할 수 있는 것, 행동할 수 있는 것부터 가르쳐나가는 것이 필요하며, 그에 따라서 피교육자는 습득의 기쁨, 달성의 기쁨을 얻어 더욱 공부하려는 의욕을 일으킬 것이며 성공감의 부여도 되고 자신감과 만족을 획득하여 자기개발의 길도 개척해 나간다.

### 5. 능률식

지도교육을 할 때 욕심을 내어 한꺼번에 이것저것 많은 것을 가르치려고 하면 상대방에게 흡수능력 이상의 것을 강요하게 되며, 교육의 성과는 양보다 질을 중시한다는 점을 명심해야 할 것이다.

### 6. 강조식

특히 중요한 것, 작업상 안전보건에 관계되는 핵심 등은 확실하게 알게 해둘 필요가 있으며, 지도자는 그 나름대로 인상을 강화시키는 수단을 강구하지 않으면 안 된다.

그 방법으로는 교육교구의 연구, 재해사례나 현장사진의 이용, 강조, 반복설명, 질문, 토의 등의 방법이 있다.

안전교육의 기본 방향으로는 기업내에 발생하고 있는 사고사례를 중심으로 동일하거나 유사한 사고를 방지하기 위하여 직접적인 원인에 대한 치료방법으로서의 교육, 가장 기본이 되는 기업체의 안전교육인 표준작업을 위한 안전교육, 안전의식 향상을 위한 안전교육, 모든 기계·기구 설비 제품에 대한 설계에서부터 사용에 이르기까지 근본적으로 안전할 수 있는 의식의 개발이 필요한 안전의식 향상을 위한 안전교육 등이 있다.

## 5.1.3 교육 분류

지속적이고 일관성있는 교육으로 정서적 요소를 가미해서 잠재력 개발과 기업의 목적의식을 깊게 심어 주고 입수된 정보가 생체기능에 작용하도록 하여 생명의 위험으로부터 지키고 기업을 재해로부터 보호하여 노사번영을 보장한다는 행동철학적인 근본원리를 바탕으로 하여, 지식교육은 제1단계 교육으로 설비와 인간을 접근시켜 이해하도록 하는 방법으로 강의 및 시청각방법 등을 실시하며, 제2단계인 기능교육은 알고 있으나 이해가 잘 안 될 때 실습, 실기, 견학 등을 실시하고 제 3 단계는 태도교육으로 행동하게 하는 교육으로서 집단교육을 실시한다.

지식, 지능교육의 지도기법은 효과적인 교육방법의 4단계인 확인(종합), 적용(응용), 제시(설명), 도입으로 지식교육을 실시하고 결과 시찰, 실습, 작업설명, 학습준비 등으로 기능교육을 실시하며, 조회시는 단시간 교육의 3단계법인 도입, 본론, 결론으로 실시하면 효과적이다.

안전교육의 단계별 교육과정을 정리하면 표 5. 1과 같이 설명되어지고 구체적으로 나타내면 다음과 같다.

## 1. 지식교육

안전의식의 향상 및 안전에 대한 책임감을 주입하여 안전규정 숙지를 위한 교육과 기능교육, 태도교육에 필요한 기초지식을 주입할 수 있는 교육내용으로 한다.

표 5. 1 단계별 안전교육과정

| 단계별 | 과정 | 교 육 목 표 | 내 용 | 비 고 |
|---|---|---|---|---|
| 1 단계 | 지식 교육 | 기능지식의 주입 및 안전의 감수성 향상 | 안전의식을 높이고 안전의 책임감을 주입하고 기능, 태도 교육에 필요한 기초지식을 주입하고, 안전규정을 숙지함. | 강의, 시청각 교육을 통한 지식의 전달과 이해 |
| 2 단계 | 기능 교육 | 안전작업 기능, 표준작업 기능, 위험예측 및 응급기능 | 전문적 기술기능, 안전 기술기능, 방호장치 관리기능, 점검검사 정비기능 | 시범, 실습, 현장, 실습교육 견학을 통한이해와 경험 체득 |
| 3 단계 | 태도 교육 | 작업동작의 정확화, 공구보호구 취급과 관리자세의 확립, 점검태도의 정확화, 언어태도의 안전화 | 표준작업방법의 습관화, 공구, 보호구 취급태도 안전화, 작업 전후 점검절차 요령의 정확한 습관화, 안전작업 지시전달 확인 등 언어 태도의 습관화 및 정확화 | 생활지도, 작업동작지도 등을 통한 안전의 습관화 |

지식교육의 특징은 다수 인원에 대한 교육, 광범한 지식의 전달이 가능하며, 안전의식 제고가 용이하다는 장점을 갖고 있으나 교사학습방법에 따른 차이와 피교육자의 이해도 측정이 곤란하다는 단점을 가진다.

## 2. 기능교육

전문적 기술 및 안전기술기능, 안전장치 관리기능, 정비, 검사, 점검에 관한 기능 등의 교육내용을 기능교육의 3원칙인 작업준비, 위험작업의 규제, 안전작업 표준화를 토대로 실시한다. 기능능력 및 기술능력을 부여하며 작업동작을 표준화시키는 장점이 있지만 교육기간이 길고 다수 인원에 대한 교육이 어렵다는 단점이 있다.

기능교육의 진행방법은 학습지도법 3가지로 대별할 수 있는데, 첫째는 하버드학파의 5단계 교수법으로서 준비시킨다(preparation) → 교시한다(presentation) → 연합한다(association) → 총괄시킨다(generalization) → 응용시킨다(application) 등의 순서로 실시하며, 둘째는 듀이의 사고과정의 5단계로서 시사를 받는다(suggestion) → 머리로 생각한다(thinking) → 가설을 설정한다 → 추론한다(reasoning) → 행동에 의하여 가설을 검토한다 등의 순서이다. 셋째는 교시법의 4단계로 준비단계(preparation) → 일을 시켜 보이는 단계(presentation) → 일을 수행하는 단계(preformance) → 복습 지도의 단계(follow-up) 등을 들 수 있다.

## 3. 태도교육

작업동작 및 표준작업방법의 습관화, 공구, 보호구 등의 관리 및 취급태도의 확립, 점검 및 작업 전후의 검사요령, 지시, 전달, 확인 등 언어태도의 정확화와 습관화를 교육내용으로 청취, 이해납득, 모범, 권장 및 처벌, 엄선된 지도자, 적정배치, 평가 등의 기본원칙으로 실시한다.

# 5. 2 교육방법

## 5. 2. 1 교육의 종류

교육의 방법에 따라 이해정도와 판단수준이 달라지므로 교육의 특성에 따라 교육방법도 달라져야 한다.

### 1. 강 의 식

수강자에게 미지의 분야의 지식을 일정한 시일에 습득시킬 수 있으며, 많은 인원의 수강자를 단기간에 실시가능하다는 장점을 가지지만 수강자보다 강사 위주의 교육이 되기 때문에 많은 수강자에게 소기의 성과를 얻어 내기 어렵다는 단점이 있다.

강의식은 수강의 관심에 공통성이 있어야 하며 능력이 같은 정도에 대응한 강의내용을 가지고 유능한 강사라면 효과를 얻을 수 있겠으나 일반적으로 효과를 기대하기 어려우므로 능력별로 반을 편성하는 것이 좋으며 최적인원은 40~50명선이 적당하다.

### 2. 토 의 식

쌍방적 의사전달방식에 의한 교육으로 최적인원은 10~20명이 적당하며, 참여자 전원이 상호 의견을 교환하지 않거나 자신들의 문제에 관해 토의하지 않으면 의의가 없다. 그러므로 중지를 모을 수 있는 문제를 구체적으로 발굴하고 스스로 참여하여 학습의욕을 높일 수 있는 방법으로 상호평가에 의한 자기반성 촉구를 겸한다. 종류는 자유 토의법, 포럼(forum), 또는 T. B. M(Tool Box Meeting), 심포지엄(symposium), 패널토의(panel discussion), 버즈 세션(buzz session) 등이 있다.

## 3. 회 의 식

### (1) 역할연기법

역할연기법(rale playing)은 각자의 역할을 분담하여 실제상황처럼 연기하는 기법으로 한 가지의 문제에 대하여 그 배경에는 무엇이 있는가를 통찰하는 능력을 높임으로써 감수성을 향상시킨다. 역할을 맡으면 계속 말하고 듣는 입장이므로 자기태도의 반성과 창조성이 생기고 발언도 향상되며, 문제에 적극적으로 참가하여 흥미를 갖게 하며, 타인의 장점과 단점이 잘 나타난다.

그리고 사람을 보는 눈이 신중하게 되고, 관대하게 되며 자신의 능력을 알게 되며, 의견발표에 자신이 생기고, 사고능력이 향상된다. 그러나 목적이 명확하지 않고, 계획적으로 실시하지 않으면 학습에 연계되지 않으며, 높은 수준의 의사결정에 대한 훈련을 하는 데는 그다지 큰 효과를 기대할 수 없다.

### (2) 사례연구

사례연구(case study)는 실천적으로 실무적인 연구가 가능한 기법으로 관찰, 분석력을 늘리고 판단력, 응용력의 향상이 가능하며, 학습을 적극적이고 스스로 함에 따라 의욕이 높아진다. 특히 참가자의 지식, 경험, 능력이 있는 사람 등에 적합하고 토의과정에서 각자가 자기의 사고 방향에 대하여 태도의 변용이 생긴다. 그러나 한 가지의 체계적인 지식을 주는 것을 목적으로 하므로 이 방법에는 다소 어려운 점이 있어 진행방법의 연구가 필요하며 강의와 결부시켜 행하면 학습효과가 크다.

또한 각자가 자신의 의견을 표현할 때는 열심히 참가하지만 그렇지 않을 경우에는 등한시하는 경우가 있으므로 리더는 적절한 원리, 원칙을 조언하는 것이 중요하다.

5~7인이 적당한 그룹을 형성하여 적극적인 참여와 의견교환에 의한 학습이지만 교육효과는 리더의 능력에 좌우된다.

표 5. 2 학습형태별 최적의 수업방법

| 수업단계 / 수업방법 | 도 입 | 전 개 | 정 리 |
|---|---|---|---|
| 강 의 법 | + | | |
| 시 범 | + | + | |
| 반 복 법 | | + | + |
| 토 의 법 | | + | + |
| 실 연 법 | | | + |
| 자 율 학 습 법 | | + | + |
| 프로그램학습법 | + | + | + |
| 학생상호학습법 | + | + | + |
| 모 의 학 습 법 | + | | + |

(3) T. W. I

T.W.I(Training Within Industry)는 교육대상을 주로 제일선 감독자에 두고 있는 것으로 감독자는 직무의 지식, 직책의 지식, 작업을 가르치는 능력, 작업방법을 개선하는 기능, 사람을 다루는 기량 등을 구비해야 하며, 교육내용은 작업방법(JIM), 작업지도(JIT), 인간관계(JRY), 안전지도(JST) 등이 있다.

(4) ON. J. T 와 OFF. J. T

ON. J. T는 On the Job Training으로 직장 중심의 교육훈련으로서 상사의 지도, 직무교대, 특별과업의 지도 등을 나타내며, OFF. J. T는 직장 외 교육훈련기법, 즉 강의, 회의, 감수성 훈련, 사례연구 등을 의미한다.

ON. J. T의 장점은 직장의 실태에 맞춘 구체적이고 실제적인 지도교육이 가능하고 교육효과가 업무에 신속히 반영되며 동기부여가 쉽고 개개인의 능력적성에 적합한 규칙의 자세한 교육이 가능하며 교육으로 인해 업무가 중단되는 손실이 적다.

Off. J. T.의 장점은 다수의 대상자를 일괄적, 조직적으로 교육할 수 있으며 우수한 전문가를 지도자로 둘 수 있고 특별교재,

교구, 시설을 유효하게 활용할 수 있다. 타직종 직장 사람과의 지식, 경험의 교환이 가능하고 교육목표에 대하여 집단적인 협조와 협력이 가능하며 업무와 분리하여 면학에 전념할 수 있으며 원리, 원칙, 법규, 특별기술, 개념 등의 교육에 적절하다는 장점을 갖고 있다.

(5) A. T. T

A.T.T(American Telephone & Telegram Co.)는 계획적 방법, 작업의 계획 및 인원 배치, 작업의 감독, 종업원의 향상, 인사관계 등을 교육내용으로 하여 실시하며, 대상계층이 일정하지 않고 토의식 진행방법으로 이루어진다는 것이 특징이다.

(6) C. C. S

C.C.S(Civil Communication Section)는 정책의 수립, 조직, 통제, 운영들을 내용으로 하여 강의법에 토의법을 가미하여 실시하는 것으로 A. T. P(Administration Training Program)라고도 한다.

(7) M. T. P

M.T.P(Management Training Program)는 관리의 기능, 조직의 원칙, 조직의 운영, 훈련의 관리, 안전한 작업, 부하지도법 등을 교육내용으로 FEAF(Far East Air Forces)라고도 한다. T. W. I와 달리 관리문제에 더 치중하고 있으며 T. W. I보다 약간 높은 계층을 목표로 한다.

(8) 시청각교육

교육의 효과를 높이기 위하여 학습과정을 충분히 이해하고 사진, 필름 등 기타 여러 가지 투시물 등을 교재로 택하여 실시하는 방법으로 교육의 효율성을 높일 수 있고 지식확대에 따른 교재개선을 꾀

하며, 교수들의 평준화 및 정확한 이해에 따른 올바른 인격형성을 기대할 수 있다.

이와 같은 교육은 빈약한 전달, 불완전 청취, 이해의 난해성 등으로 인하여 교육은 실패로 돌아가는 경우가 많다. 그러므로 일반적으로 실패를 줄이기 위해서는 동일한 경험내에서 토의하도록 하고 쉬운 표현으로 하면서 의사전달 매개체의 기능을 익혀 유효적절하게 활용한다. 의사전달의 매개체라 함은 말, 글, 몸짓, 표정이므로 이를 잘 활용하여 가장 좋은 교육방법을 선택하도록 해야 한다.

### 4. 효과적인 교육요령

효과적인 교육진행을 위해서는 PDCA 관리 사이클을 도입하여 교육을 계획하고 안전교육대로 추진하며 계획이행 여부를 확인한 후 조치 및 행동으로 취하는 것이 좋다.

일반적으로 학습요령은 슬라이드 교육은 녹음으로 끝내는 것보다 중요한 부분은 강사가 슬라이드 장면을 보이면서 육성으로 설명해 주도록 계획하는 것이 바람직하고 가능하면 수공구, 보호구, 안전장치 등은 직접 보이고 만지고 실제 동작으로 실습케 할 수 있으면 더욱 좋을 것이다.

강의를 먼저하고 슬라이드를 나중에 보여 줄 경우에는 슬라이드 상영 후 중요한 점을 강조할 수 있도록 계획하며, 교육은 가급적 피교육자와 대화형식을 취하게 하고 많은 내용을 익히게 하는 것보다 안전의식을 깊이 심어주는 데 주력하고, 안전수칙이나 작업방법 등은 암기식보다는 현장배치 등 감독자나 직반장으로 하여금 현장자료를 통하여 이해에 주력하며 반드시 안전관리자는 이를 돌아가며 확인하는 사후조치를 취한다. 또한 안전교육은 당일 교육으로 끝내지 않고 하루 몇 시간씩 며칠간을 두고 연속적으로 교육하거나 또는 채용당시 교육으로 끝내버리지 말고 일정기간을 두고 여러 번 반복하면서 다음 과목과 연결시켜 연속교육이 되도록 해야 하며 원리원칙에 치우친 강의여서는 안 된다. 현장 근무자 중심의 실생활에 일치되는 교육이 되도록 계획하고 비록 고학력자가 있다 할지라도 쉬운 표현으로 친근감을 가질 수 있도록 사전 연구계획이 필요하고 매과목마다 사례를 제시하며 교육할 수 있도록 내용을 준비하는 것이 바람직하다.

### 5.2.2 교육대상

#### 1. 경영자 교육

안전보건 관리방침의 수립 후 교육의 기본방침의 수립, 계획, 조직통제 등의 방법을 책정하고 실행시키는 전과정을 통괄할 수 있는 교육이 되어야 한다.

#### 2. 관리자 교육

관리능력을 기를 수 있고 계획, 조직, 지령통제, 조정을 목표로 하여 업무개선 능력, 부하의 지도교육, 인간관계, 리더 십(leader ship) 등의 교육내용으로 교육되어야 한다.

#### 3. 감독자 교육

작업의 지식, 직책의 지식을 훈련내용으로 하여 작업지식의 기능, 작업개선의 기능, 하부 통솔의 기능, 안전관리기능을 부여할 수 있는 교육을 실시한다. 방법으로는 작업지시법(Job Instruction Training ; JIT), 작업개선법(Job Method Training ; JMT), 부하통솔법(Job Relations Training ; JRT), 작업안전기법(Job Safety Training ; JST) 등이 있다.

## 4. 신입사원 교육

제도교육에 중점을 두면서 사회인으로서의 적응능력, 작업수행능력의 부여, 조직 구성원으로서의 생활지도 등을 교육내용으로 하여 교육의 3원칙인 동기부여의 원칙, 이해의 원칙, 반복의 원칙을 토대로 교육을 실시한다.

## 5. 일반사원 교육

조직의 구성원으로서 기초적인 마음가짐 정착과 장래 간부로서의 자질 함양 및 적극적이고 협력적인 사회인 육성을 위한 일반 사원의 시야의 확대, 분석력, 판단력 육성, 관리의 기초능력 육성, 협력의식의 향상과 상호 개발에 의한 자질향상을 교육한다.

| 도입교육 | 기초교육 | 기본실습 | 실 시 |
|---|---|---|---|
| 태도교육<br>•집단토의 교육(마음의 준비를 시킨다) | 지식교육<br>•집합강좌(조직의 일원으로 필요한 지식을 부여한다.) | 기능훈련<br>•집합, 기능, 실습의 기본이 되는 작업의 순서와 급소를 몸에 익숙시킨다. | 지식, 기능, 태도의 종합교육훈련<br>•실제의 작업<br>•man to man 형식 (자기개발을 포함, 직장에 작용한다.) |
| 1팀 10명 정도가 좋음. | 30명 이내 | 1팀 10명 이내 | 1대1 |

그림 5.1 신입사원 교육

표 5. 3 교육진행단계

| 단 계 | 교 육 방 법 |
|---|---|
| 제 1 단계 : 도입<br>(학습할 준비를 시킨다) | •마음을 안정시킨다.<br>•무슨 작업을 할 것인가를 말해 준다.<br>•그 작업에 대해 알고 있는 정도를 확인한다.<br>•정확한 위치에 자리잡게 한다. |
| 제 2 단계 : 제시<br>(작업을 설명한다) | •주요 단계를 하나씩 설명해 주고, 시범해 보이고 그려 보인다.<br>•급소를 강조한다.<br>•확실하게, 빠짐없이, 끈기있게 지도한다.<br>•이해할 수 있는 능력 이상으로 강요하지 않는다. |
| 제 3 단계 : 적용<br>(작업을 시켜본다) | •작업을 시켜 보고 잘못을 고쳐 준다.<br>•작업을 시키면서 설명하게 한다.<br>•다시 한번 시키면서 급소를 말하게 한다.<br>•확실히 알았다고 할 때까지 확인한다.<br>•이해할 수 있는 능력 이상으로 강요하지 않는다. |
| 제 4 단계 : 확인<br>(가르친 뒤 살펴본다) | •일에 임하도록 한다.<br>•모르는 것이 있을 때는 물어볼 사람을 정해 둔다.<br>•질문을 하도록 분위기를 조성한다.<br>•점차 지도횟수를 줄여간다. |

## 6. 작업자 교육

실제현장에서의 위험작업, 새로운 기계의 도입시 취급작업, 보호구의 성능과 사용법, 안전한 작업순서, 작업 전, 작업 중, 작업 후의 안전방법, 직업병의 위험성과 원인, 화물적재 하역의 방법에 대해 교육한다.

이러한 교육에 대한 평가는 교육수단에 따른 효과가 다를 수밖에 없는데 일반적으로 교육효과는 표 5. 4와 같다.

표 5. 4 교육효과

| | |
|---|---|
| 1. 귀로 듣게 한다. | 20% 이하 |
| 2. 눈으로 보게 한다. | 50% 이하 |
| 3. 귀로 듣고, 눈으로 보게 한다. | 60% 이하 |
| 4. 질문하여 답하게 한다. | 80% 이하 |
| 5. 머리를 사용하여 동작하게 한다. | 90% 이하 |

위의 효과를 고려하면서 교육훈련 평가를 실시하는데 평가는 4단계로서 이루어지며, 여기서 4단계라 함은 제 1 단계 ; 반응단계, 제 2 단계 ; 학습단계, 제 3 단계 ; 행동단계, 제 4 단계 ; 결과단계이며, 학습평가에 있어서 타당도, 신뢰도, 객관도, 실용도를 반드시 구비하고 있어야 한다.

## 5. 3 안전보건교육

### 5. 3. 1 사내 안전보건교육

사업장내 안전보건교육은 정기 안전보건교육, 채용시 및 작업내용 변경시 교육, 특별 안전보건교육 등을 실시하며 교육방법은 적합한 교육교재 및 교육장비를 사용하여 실기 또는 시청각교육을 병행한다. 교육 실시자의 자격은 당해 사업장의 안전보건 관리책임자, 관리감독자, 안전관리자, 보건관리자, 산업보건의, 한국산업안전공단 또는 지정교육기관 당해 분야의 강사요원 교육과정 이수자로 한정하며, 교육분류 및 내용은 다음과 같다.

표 5. 5  근로자 정기 안전보건교육

| 교　　육　　내　　용 |
|---|
| •산업안전 보건법령에 관한 사항 •작업공정의 유해 · 위험에 관한 사항 •표준안전작업 방법에 관한 사항 •사업장 안전보건 관리규정에 관한 사항 •안전 · 보건점검 및 보호구 취급과 사용에 관한 사항 •안전사고 사례 및 산업재해 예방대책에 관한 사항 •안전보건표시에 관한 사항 •무재해 추진실무 및 기법에 관한 사항 •제품 및 원재료의 취급방법에 관한 사항 •안전장치 및 방호설비의 사용에 관한 사항 •작업환경개선 및 직업병 예방에 관한 사항 •기타 안전 · 보건관리에 필요한 사항 |

표 5. 6  관리감독자 정기 안전보건교육

| 교　　육　　내　　용 |
|---|
| •산업안전 보건법령에 관한 사항 •작업안전 지도요령에 관한 사항 •기계, 기구 또는 설비의 안전보건 점검에 관한 사항 •관리감독자의 역할과 임무에 관한 사항 •산업재해발생 및 이상발견시 조치에 관한 사항 •보호구 착용 및 관리요령에 관한 사항 •제품 · 원재료의 취급방법에 관한 사항 •위험한 기계, 기구 및 유해물질관리와 직업병 유소견자 사후관리, 응급처치에 관한 사항 •근로자 안전교육방법 및 실시요령에 관한 사항 •무재해 추진기법의 도입 · 시행에 관한 사항 •현장근로자 안전보건의식 고취에 관한 사항 •기타 안전 · 보건관리에 필요한 사항 |

표 5. 7  채용시 및 작업내용변경시 교육

| 교　　육　　내　　용 |
|---|
| •산업안전 보건법령에 관한 사항 •당해 설비, 기계 및 기구의 작업안전점검에 관한 사항 •기계기구의 위험성과 안전작업방법에 관한 사항 •기타 안전보건관리에 필요한 사항 •산업재해 발생경위, 사고유형 및 예방 등에 관한 사항 •안전장치 및 보호구 사용에 관한 사항 •무재해 추진기법의 도입, 시행에 관한 사항 |

표 5. 8 특별안전보건교육

| 작 업 명 | 교 육 내 용 |
|---|---|
| 1. 고압실내작업 (잠함공법 기타 압기공법에 의하여 대기압을 넘는 기압하의 작업실 또는 수갱 내부에 있어서 행하는 작업에 한한다) | •고기압 장해의 인체에 미치는 영향에 관한 사항<br>•작업시간, 작업방법 및 절차에 관한 사항<br>•압기공법에 관한 기초지식 및 보호구 착용에 관한 사항<br>•이상시 응급조치에 관한 사항<br>•기타 안전보건관리에 관한 사항 |
| 2. 아세틸렌 용접장치 또는 가스집합 용접장치를 사용하여 행하는 금속의 용접, 용단 또는 가열작업(발생기, 도관 등에 의하여 구성되는 용접장치에 한한다) | •용접용 분진 및 유해광선 등의 유해성에 관한 사항<br>•가스용기, 압력조정기, 호스 및 취관두 등의 기기점검에 관한 사항<br>•작업방법, 작업순서 및 응급처치에 관한 사항<br>•전기 및 보호구 취급에 관한 사항<br>•기타 안전보건관리에 필요한 사항 |
| 3. 밀폐된 장소(탱크 내 또는 환기가 극히 불량한 좁은 장소에서 행하는 용접작업 또는 습한 장소에서 행하는 전기 용접장치 | •작업순서, 안전작업방법 및 수칙에 관한 사항<br>•환기설비 응급처치에 관한 사항<br>•전격방지 및 보호구 착용에 관한 사항<br>•작업환경점검에 관한 사항<br>•기타 안전보건관리에 필요한 사항 |
| 4. 폭발성 · 발화성 및 인화성 물질의 제조 또는 취급작업(시험연구를 위한 취급작업을 제외한다) | •폭발성 · 발화성 및 인화성 물질의 성상이나 성질에 관한 사항<br>•폭발한계, 발화점 및 인화점 등에 관한 사항<br>•취급방법 및 안전수칙에 관한 사항<br>•이상발견시의 응급처치 및 대피요령에 관한 사항<br>•화기, 정전기, 충격 및 자연발화 등의 위험방지에 관한 사항<br>•작업순서, 취급주의사항 및 방호거리 등에 관한 사항<br>•기타 안전보건관리에 필요한 사항 |

표 5. 8 특별안전보건교육

| 작 업 명 | 교 육 내 용 |
|---|---|
| 5. LPG, 수소가스 등 가연성 · 폭발성 가스의 발생장치 취급 작업 | •취급가스의 성상 및 성질에 관한 사항<br>•발생장치 등의 위험방지에 관한 사항<br>•고압가스 저장설비 및 안전취급방법에 관한 사항<br>•설비 및 기구의 점검요령<br>•기타 안전보건관리에 필요한 사항 |
| 6. 화학설비 중 반응기, 교반기, 추출기의 사용 및 세척작업 | •각 계측장치의 취급 및 주의에 관한 사항<br>•투시창, 수위 및 유량계 등의 점검 및 밸브의 조작주의에 관한 사항<br>•세척액의 유해 및 인체에 미치는 영향에 관한 사항<br>•작업절차에 관한 사항<br>•기타 안전보건관리에 필요한 사항 |
| 7. 화학설비의 탱크내 작업 | •차단장치, 정지장치 및 밸브개폐장치의 점검에 관한 사항<br>•탱크 내의 산소농도측정 및 작업환경에 관한 사항<br>•안전보호구 및 이상시 응급조치에 관한 사항<br>•작업절차, 방법 및 유해위험에 관한 사항<br>•기타 안전보건관리에 필요한 사항 |
| 8. 특정화학물질을 이용한 세척작업 | •이상발생시 응급처치에 관한 사항<br>•특정화학물질이 인체에 미치는 영향과 장해의 발생사항<br>•특정화학물질의 성상에 관한 사항<br>•보호구 사용 및 안전작업방법과 물질의 취급에 관한 사항<br>•기타 안전보건관리에 필요한 사항 |
| 9. 분말, 원재료 등을 담은 호퍼, 사일로 등 저장탱크의 내부작업 | •분말 원재료의 인체에 미치는 영향에 관한 사항<br>•저장탱크 내부작업 및 복장보호구 착용에 관한 사항 |

표 5. 8 특별안전보건교육

| 작 업 명 | 교 육 내 용 |
|---|---|
| | •작업의 지정, 방법, 순서 및 작업환경점검에 관한 사항<br>•팬, 풍기 조작 및 취급에 관한 사항<br>•기타 안전보건관리에 필요한 사항 |
| 10. 다음 각목이 정하는 설비에 의한 물건의 가열, 건조작업<br>가. 건조작업 중 위험물 등에 관계되는 설비로 내용적이 1m 이상인 것<br>나. 건조설비 중 각목의 위험물 등의 물질에 관계되는 설비로서 연료를 열원으로 사용하는 것(그 최대연소소비량이 매 시간당 10kg 이상인 것에 한한다) 또는 전력을 열원으로 사용하는 것(정격 소비전력이 10 kW 이상인 것에 한한다) | •건조설비 내외면 및 기기기능의 점검에 관한 사항<br>•복장보호구 착용에 관한 사항<br>•건조시의 유해가스 및 고열 등이 인체에 미치는 영향<br>•작업순서, 방법 및 안전기준에 관한 사항<br>•기타 안전보건관리에 필요한 사항 |
| 11. 다음 각목에 해당하는 집재장치(집재기, 가선, 운반기구, 지주 및 이들에 부속하는 물건으로 구성되고 동력을 사용하여 원목 또는 장작과 숯을 달아올리거나 또한 공중에서 운반하는 설비)의 조립, 해체, 변경 또는 수리작업 및 이들 설비에 의한 집재 또는 운반작업<br>가. 원동기의 정격출력이 7.5 kW를 넘는 것<br>나. 지간의 경사거리 합계가 350m 이상인 것<br>다. 최대 사용하중이 200 kg 이상인 것 | •기계의 브레이크 비상정지장치 및 운반경로 및 각종 기능점검에 관한 사항<br>•작업시작 전 준비사항 및 작업방법에 관한 사항<br>•취급물의 유해위험에 관한 사항<br>•구조상의 이상시 응급처치에 관한 사항<br>•기타 안전보건관리에 필요한 사항 |

표 5. 8 특별안전보건교육

| 작 업 명 | 교 육 내 용 |
|---|---|
| 12. 동력에 의하여 작동되는 프레스기계를 5대 이상 보유한 사업장에서의 당해 기계에 의한 작업 | •프레스의 특성과 위험성에 관한 사항<br>•방호장치 종류와 구조 및 취급에 관한 사항<br>•안전작업방법에 관한 사항<br>•프레스 안전기준에 관한 사항<br>•기타 안전보건관리에 필요한 사항 |
| 13. 목재가공용기계(둥근톱 기계, 띠톱기계, 대패기계, 모터기계 및 모터에 한하여 휴대용 제외)를 5대 이상 보유한 사업장에서의 당해 기계에 의한 작업 | •목재가공용 기계의 특성과 위험성에 관한 사항<br>•방호장치 종류와 구조 및 취급에 관한 사항<br>•안전기준에 관한 사항<br>•안전작업방법 및 목재취급에 관한 사항<br>•기타 안전보건관리에 필요한 사항 |
| 14. 운반 등 하역기계를 5대 이상 보유한 사업장에서의 당해 기계에 의한 작업 | •운반하역기계 및 부속설비의 점검에 관한 사항<br>•작업순서와 방법에 관한 사항<br>•안전운전방법에 관한 사항<br>•작업신호, 화물의 취급에 관한 사항<br>•기타 안전보건관리에 필요한 사항 |
| 15. 1ton 이상의 크레인을 사용하는 작업 또는 1ton 이하의 크레인 또는 호이스트를 5대 이상 보유한 사업장에서의 당해 기계에 의한 작업 | •방호장치의 종류 기능 및 취급에 관한 사항<br>•걸고리, 와이어로프 및 비상정지장치 등의 기계, 기구점검에 관한 사항<br>•화물의 취급 및 작업방법에 관한 사항<br>•작업신호 및 공동작업에 관한 사항<br>•기타 안전보건관리에 필요한 사항 |
| 16. 건설용 리프트, 곤돌라를 이용한 작업 | •방호장치기능 및 사용에 관한 사항<br>•기계, 기구, 달기체인 및 와이어 등의 점검에 관한 사항<br>•화물의 권상, 권하 작업방법 및 안전작업지도에 관한 사항<br>•기계, 기구의 특성 및 동작원리에 관한 사항<br>•기타 안전보건관리에 필요한 사항 |

표 5. 8 특별안전보건교육

| 작 업 명 | 교 육 내 용 |
|---|---|
| 17. 주물 및 단조 작업 | •고열물의 재료 및 작업환경에 관한 사항<br>•출량, 주조 및 고열물의 취급과 안전작업 방법에 관한 사항<br>•고열작업의 유해위험 및 보호구 착용에 관한 사항<br>•안전기준 및 중량물 취급에 관한 사항<br>•기타 안전보건관리에 필요한 사항 |
| 18. 전압이 75V 이상의 정전 및 활선 작업 | •전기의 위험성 및 진격방지에 관한 사항<br>•당해 설비의 보수 및 점검에 관한 사항<br>•정전작업, 활선작업시의 안전작업방법 및 순서에 관한 사항<br>•절연용 보호구, 절연용 방호구 및 활선작업용 기구 등의 사용에 관한 사항<br>•기타 안전보건관리에 필요한 사항 |
| 19. 콘크리트 파쇄기를 사용하여 행하는 파쇄작업(2 m 이상인 구축물의 파쇄작업에 한한다) | •콘크리트 해체요령과 방호거리에 관한 사항<br>•작업안전조치 및 안전기준에 관한 사항<br>•파쇄기의 조작 및 공동작업 신호에 관한 사항<br>•보호구 및 방호가드 등에 관한 사항<br>•기타 안전보건관리에 필요한 사항 |
| 20. 굴착면의 높이가 2m 이상이 되는 지반굴착(터널 및 수직갱 외의 갱굴착 제외)작업 | •지반의 형태구조 및 굴착요령에 관한 사항<br>•지반의 붕괴재해예방에 관한 사항<br>•붕괴방지용 구조물 설치 및 작업방법에 관한 사항<br>•보호구 종류 및 사용에 관한 사항<br>•기타 안전보건관리에 필요한 사항 |
| 21. 흙막이 지보공의 보강 또는 동바리의 설치 또는 해체작업 | •작업안전점검 요령과 방법에 관한 사항<br>•동바리의 운반, 취급 및 설치시 안전작업에 관한 사항<br>•해체 작업순서와 안전기준에 관한 사항<br>•보호구 취급 및 사용에 관한 사항<br>•기타 안전보건관리에 필요한 사항 |

표 5. 8 특별안전보건교육

| 작 업 명 | 교 육 내 용 |
|---|---|
| 22. 터널 안에서의 굴착작업(굴착용 기계를 사용하여 행하는 굴착작업 중 근로자가 칼날 밑에 접근하지 아니하고 행하는 작업 제외) 또는 동작업에 있어서의 터널거푸집 지보공의 조립 또는 콘크리트 작업 | •작업환경의 점검요령과 방법에 관한 사항<br>•붕괴방지용 구조물설치 및 안전작업방법에 관한 사항<br>•재료의 운반 및 취급설치의 안전기준에 관한 사항<br>•보호구의 종류 및 사용에 관한 사항<br>•기타 안전보건관리에 필요한 사항 |
| 23. 굴착면의 높이가 2 m 이상이 되는 암석의 굴착작업 | •폭발물 취급요령과 대피요령에 관한 사항<br>•안전거리 및 안전기준에 관한 사항<br>•방호물의 설치 및 기준에 관한 사항<br>•보호구 작업신호 등에 관한 사항<br>•기타 안전보건관리에 필요한 사항 |
| 24. 높이가 2 m 이상인 물건을 쌓거나 무너뜨리는 작업(하역기계에 의해서만 행하는 작업 제외) | •원 · 부재료의 취급방법 및 요령에 관한 사항<br>•물건의 위험성, 낙하 및 붕괴재해예방에 관한 사항<br>•적재방법 및 전도방지에 관한 사항<br>•보호구 착용에 관한 사항<br>•기타 안전보건관리에 필요한 사항 |
| 25. 선박에 적재, 하적, 이동시키는 작업 | •하역기계기구의 운전조작방법에 관한 사항<br>•운반이송경로의 안전작업방법 및 기준에 관한 사항<br>•중량물 취급요령과 신호요령에 관한 사항<br>•작업안전점검과 보호구 취급에 관한 사항<br>•기타 안전보건관리에 필요한 사항 |
| 26. 거푸집 지보공의 조립 또는 해체작업 | •지보공의 조립방법, 작업절차에 관한 사항<br>•조립재료의 취급방법 및 설치기준에 관한 사항<br>•조립해체시의 사고예방에 관한 사항<br>•보호구 착용 및 점검에 관한 사항<br>•기타 안전보건관리에 필요한 사항 |

표 5. 8 특별안전보건교육

| 작 업 명 | 교 육 내 용 |
|---|---|
| 27. 비계의 조립, 해체 또는 변경 작업 | •비계의 조립순서 방법에 관한 사항<br>•비계작업의 재료취급 및 설치에 관한 사항<br>•추락재해방지에 관한 사항<br>•보호구 착용에 관한 사항<br>•기타 안전보건관리에 필요한 사항 |
| 28. 건축물의 골조, 교량의 상부 구조 또는 탑의 금속제의 부재에 의하여 구성되는 것(5m 이상인 것)의 조립, 해체 또는 변경작업 | •건립 및 버팀대의 설치순서에 관한 사항<br>•조립해체시의 추락재해 및 위험요인에 관한 사항<br>•건립용 기계의 조작 및 작업신호에 관한 사항<br>•안전장구 착용 및 해체순서에 관한 사항<br>•기타 안전보건관리에 필요한 사항 |
| 29. 처마높이가 5 m 이상인 목조 건축물의 구조 부재의 조립이나 건축물의 지붕 또는 외벽 밑에서의 설치작업 | •붕괴, 추락 및 재해방지에 관한 사항<br>•부재의 강도, 재질 및 특성에 관한 사항<br>•조립설치순서 및 안전작업방법에 관한 사항<br>•보호구 착용 및 작업점검에 관한 사항<br>•기타 안전보건관리에 필요한 사항 |
| 30. 콘크리트 공작물 (그 높이가 2 m 이상인 것)의 해체 또는 파괴작업 | •콘크리트 해체기계의 점검에 관한 사항<br>•파괴시의 안전거리 및 대피요령에 관한 사항<br>•작업방법, 순서 및 신호요령에 관한 사항<br>•해체, 파괴시의 작업안전기준 및 보호구에 관한 사항<br>•기타 안전보건관리에 필요한 사항 |
| 31. 보일러(소형 보일러 및 다음 각목에 정하는 보일러 제외)의 설치 및 취급 작업<br>가. 물통 반지름이 750mm 이하이고, 그 길이가 1,300 mm 이하인 증기보일러 | •기계 및 기기 점화장치 계측기의 점검에 관한 사항<br>•열관리 및 방호장치에 관한 사항<br>•작업순서 및 방법에 관한 사항<br>•비상시 응급처치에 관한 사항<br>•기타 안전보건관리에 필요한 사항 |

표 5.8 특별안전보건교육

| 작 업 명 | 교 육 내 용 |
|---|---|
| 나. 전열면적이 3m$^2$ 이하인 증기보일러<br>다. 열면적이 14m$^2$ 이하인 온수보일러<br>라. 전열면적이 30m$^2$ 이하인 관류보일러 | |
| 32. 게이지 압력이 매 cm$^2$당 1kg 이상으로 사용하는 압력용기의 설치 및 취급작업 | •안전시설 및 안전기준에 관한 사항<br>•압력용기의 위험성에 관한 사항<br>•용기취급 및 설치기준에 관한 사항<br>•작업안전 점검방법 및 요령에 관한 사항<br>•기타 안전보건관리에 필요한 사항 |
| 33. 방사선업무에 관계되는 작업(의료 및 실험용 제외) | •방사선의 유해위험 및 인체에 미치는 영향<br>•방사선의 측정기기기능의 점검에 관한 사항<br>•방호거리, 방호벽 및 방사선물질의 취급요령에 관한 사항<br>•비상시 응급처치 및 보호구 착용에 관한 사항<br>•기타 안전보건관리에 필요한 사항 |
| 34. 맨홀작업 | •장비, 설비 및 시설 등의 안전점검에 관한 사항<br>•산소농도 측정 및 작업환경에 관한 사항<br>•작업내용별, 안전작업방법 및 절차에 관한 사항<br>•보호구 착용 및 보호장비 및 사용에 관한 사항<br>•기타 안전보건관리에 필요한 사항 |
| 35. 산소결핍 장소에 있어서의 작업 | •산소농도측정 및 작업환경에 관한 사항<br>•사고시의 응급처치 및 비상시 구출에 관한 사항<br>•보호구 착용 및 사용방법에 관한 사항<br>•산소결핍 작업의 안전작업방법에 관한 사항<br>•기타 안전보건관리에 필요한 사항 |

표 5. 8 특별안전보건교육

| 작 업 명 | 교 육 내 용 |
|---|---|
| 36. 유기용제 또는 특정화학물질의 제조 또는 취급작업(시험연구를 위하여 취급하는 작업 제외) | •취급물질의 성상 및 성질에 관한 사항<br>•유해물질이 인체에 미치는 영향<br>•국소배기장치 및 안전설비에 관한 사항<br>•안전작업방법 및 보호구 사용에 관한 사항<br>•기타 안전보건관리에 필요한 사항 |
| 37. 연(鉛)취급 업무에 관계되는 작업 | •연의 허용농도와 인체에 미치는 영향<br>•국소배기장치 및 안전설비에 관한 사항<br>•보호구의 종류와 착용에 관한 사항<br>•작업 후의 안전조치 및 작업기준에 관한 사항<br>•기타 안전보건관리에 필요한 사항 |
| 38. 4알킬연 등의 취급업무(원격조작에 의하여 격리실에 있는 것 제외)로서 드럼 등 기타 용기를 취급하는 작업 | •4알킬연의 유해위험성에 관한 사항<br>•용기의 조작 · 취급 · 저장에 관한 사항<br>•작업 후의 세척 및 작업복장 보호구에 관한 사항<br>•취급관리 및 안전작업방법에 관한 사항 |
| 39. 로봇작업 | •로봇의 기본원리, 구조 및 작업방법에 관한 사항<br>•이상시 응급조치에 관한 사항<br>•안전시설 및 안전기준에 관한 사항<br>•조작방법 및 작업순서에 관한 사항 |

# 제 II 편 인간공학 및 시스템안전

# 제 1 장
# 인 간 공 학

## 1.1 안전과 인간공학

### 1.1.1 인간공학의 정의

인간공학이란 작업의 적정화를 연구하는 학문으로 인간행동의 합리화를 위한 과학적인 연구라 할 수 있다. 미국에서는 Human Engineering이란 명칭 외에 Human factor Engineering, Man-Machine System Engineering이란 단어를 사용하며, 유럽에서는 Ergonomics란 단어를 사용하고 있다.

인간이 조작하는 기계와 그 기계의 조작 및 환경조건을 인간의 특성, 능력, 한계에 잘 조화하도록 설계, 제작, 조정하기 위한 여러 가지 안전수단을 연구하는 학문으로 Chapanis. A는 작업상 안전성의 향상과 사고방지, 기계조작의 능률성과 생산성 향상, 쾌적성을 연구하는 학문으로 정의하였다.

인간 본래의 안전능력을 산업재해의 방지에 활용하는 것이 인간공학의 목표이며, 인간은 최고의 안전능력 보유자임을 명심하고 사고는 인간과 기계가 일체로 성립되지 못하기 때문에, 또 주위환경에 의해서 발생되어지므로 인간의 약점을 공구나 기계가 보완하여 인간의 장점을 최대한 응용한다. 개체로서의 인간과 기계의 조화를 이루기 위해서는 기계운전중 고장시 수리를 함에 있어서 기계와 인간은 직렬(series) 결합상태이므로 기구를 주체적으로 제어하는 관계가 개체로서의 인간기계 체계의 설계원칙으로, 자동화된 대규모 인간기계 체계가 병렬(parallel) 결합, 즉 공정의 자동화를 필요로 하며 이상시 긴급 대응능력을 길러 기계설비, 설치상태가 양호해도 이상이 돌변하면 인간은 과오를 범할 수 있으므로 이에 대치할 수 있는 방법이 강구되어야 한다.

그리고 인간과오의 배후요인인 사람(man), 기계(machine), 매체전달(media), 경영(management), 즉 인간공학의 4M이 실수 없는 형태로 연구되어야 한다. 4M이 의미하는 것은 인간관계와 기계설비 작업방법, 환경관계 및 법규준수, 운용, 교육훈련, 관리, 경영 등을 합리화시킬 수 있는 방안을 말한다.

인간공학의 연구방법은 순간조작분석, 지각운동 정보분석, 연속컨트롤 부담분석, 전 작업 부담분석, 사용빈도 분석, 기계의 상호연관성 분석 등이 있다.

## 1. 1. 2 인간-기계 체계

### 1. 인간-기계 기능체계도

인간과 기계는 서로 유사성을 갖고 작업을 하고 위험에 대치한다고 할 수 있다. 인간과 기계의 기능체계(man-machine system)란 주어진 상황하에서 기계에 압력을 가할 때 나타나는 출력을 얻는 작동과정에서 일어나는 인간과 기계의 복합된 기능요소를 의미한다.

다음 그림을 보면 투입(input)된 힘에 의해 본체는 가동되어지고 그 자극에 의해 인간의 감각기관에서 판단을 요하므로 중추에서 판단을 지시하고 운동기관에서 판단한 것을 행동으로 조절기를 조정한다는 것으로, 체계도는 설계시 안전도를 측정할 수 있는 좋은 도표이다.

## 2. 체계의 기본기능

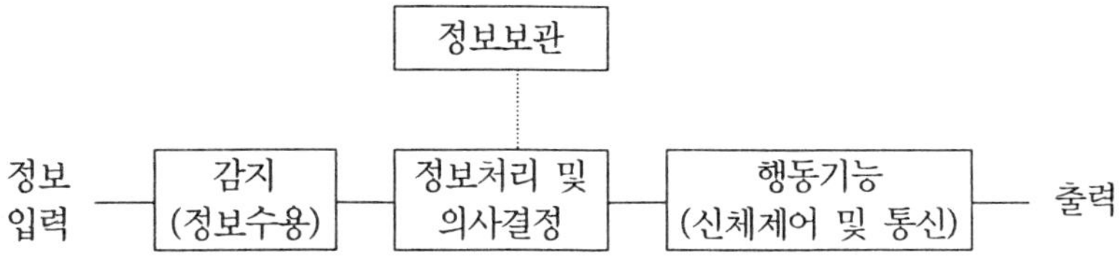


그림 2.1 체계의 기본기능

인간은 중추신경의 판단에 의해 생리적 기능계에 작용하고, 기계는 각종 통제장치에 의해 제약을 받으면서 산출의 결과를 도출한다. 이는 인간과 기계는 일부분 또는 복합된 요소에 의해 목적을 달성하게끔 동작을 하게 되는데, 기능계에서는 정보처리를 네 가지 기능체계로 분류하였다. 즉 감지, 정보저장, 정보처리 및 결심, 행동이다.

### (1) 감지기능

감지기능(sensing)은 정보입수의 과정으로 인간의 감지기는 인간의 다섯 가지 감각기능을 이용하지만, 기계의 감지기는 전자, 사진장치, 자동개폐장치 등을 이용하는 것이 차이점이다.

### (2) 정보저장기능

인간은 기억에 의존하지만 기계는 정보저장기능(information storage)인 펀치카드, 자기테이프, 기록, 자료표, 녹음테이프 등으로 저장하며, 저장방법으로는 부호, 언어, 암호 등이 있다.

### (3) 정보처리 및 결심

정보처리 및 결심(information processing decision)이란 감지한 정보를 수행하는 여러 종류의 조작을 말하는 것으로 인간의 심리적 정보처리단계는 회상·인식·정리단계로 처리하고 프로그램 방법으로 치차(gear), 캠(cam), 전기전자회로, 레버(lever), 컴퓨터 등이 이용되며, 인간의 정보처리능력의 한계는 0.5초이고 이보다 짧은 경우 자극에 혼동을 일으킨다.

### (4) 행동기능

행동기능(action)이란 결심, 결정된 결과에 따라 인간은 행동하고 기계는 작동한다.

작동에는 물리적 행위와 통신행위가 있는데 물리적 행위는 조종장치작동, 물체 물건취급, 이동변경, 개조행위 등이 속하고 통신행위는 음성, 신호, 기록, 기호 등의 통신행위를 말한다.

## 3. 조절현상

기계의 작동방법에 따라 나타내는 방법이 달라지게 되는데 조절(tracking)은 추적조절(pursuit tracking)과 보정조절(compensatory tracking)의 두 가지가 있다.

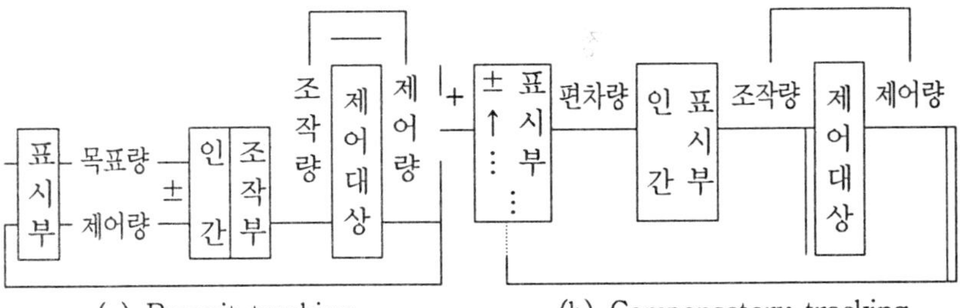


(a) Pursuit tracking (b) Compensatory tracking

그림 2.2 tracking 현상

추적조절(pursuit tracking)은 표시부상의 목표량을 보고 그 목표량에 적합하도록 조작부를 움직이면 움직인 양이 제어대상을 통해 표시부에 표시량으로 나타내며, 보정조절은 목표량과 제어량과의 차인 편차량이 표시부에 표시되는 피드백(feed back) 시스템체계이다.

### 1. 1. 3 체계설계와 인간요소

체계(system)의 설계시에는 안전문제를 우선적으로 하는데, 첫째는 전 체계의 안정성을 척도화하는 것이고, 둘째는 인간, 기계 및 환경이 안정성에 미치는 질 및 양적 분석과 대책이다. 체계개발과정에서 인간요소적 기능들의 확장분야는 작업설계, 직무분석, 작업명세, 요원선발기준, 훈련 및 인력수급계획 등에 활용되어진다.

#### 1. 기능 비교

체계기능은 인간과 기계의 기능을 비교하여 보면 전달체계에서 서로 다른 점을 발견할 수 있다. 이 비교는 상대적 기능을 나타낸 것이며 절대적이지는 않다. 그러나 인간과 기계를 비교하는 데는 일반적인 인간과 기계의 비교가 항상 되지 않으며, 상대적인 비교는 항상 변하고 최선의 성능을 마련하는 것이 항상 중요한 것은 아니다. 또한 기능의 수행이 유일한 기준이 될 수 없으며, 기능의 할당에서는 사회적인 또 이에 관련된 가치들을 고려에 넣어야 한다는 한계점을 갖고 있다.

표 2. 1 인간과 기계의 기능 비교

| 기 능 | 기 계 | 인 간 |
|---|---|---|
| 감 지 기 능 | • 감지기 (sensor) | • 감각기관 |
| 정보저장기능 | • 펀치카드 (punch card)<br>• 녹음, 자기테이프 | • 기억 (대뇌) |
| 정보처리 및 결심 | • 프로그램에 의한 반응<br>• 연역적 처리 | • 귀납적 처리<br>• 결심 및 행동 (0.5초) |
| 행 동 기 능 | • 매니퓰레이터 • 로봇<br>• 자동이송장치 • 컨베이어 | • 운동기관 • 팔, 다리 |

## 2. 물리적 부품의 설계

인간공학적 차원에 부합되는 인간요소적 설계가 필요하게 되는 작업설계에 있어서 설계를 좀더 개선시키는 데 기여하기 위해 직무분석과 인간의 가치관을 설정해야 한다. 인간의 가치기준은 작업확대 및 작업 만족도에 초점을 맞추고 부차적으로 작업능률과 생산성 향상을 도모하는 반면, 인간요소적 접근방법으로는 주로 능률이나 생산성을 강조한다는 것이 특징이다.

표 2. 2 인간과 기계의 재능 비교

| | 인간이 우수한 기능 | 기계가 우수한 기능 |
|---|---|---|
| 감지기능 | • 저에너지 자극감지<br>• 복잡다양한 자극형태 식별<br>• 예기치 못한 사건 감지 | • 인간의 정상적 감지범위 밖의 자극감지<br>• 인간 및 기계에 대한 모니터 기능<br>• 드물게 발생하는 사상감지 |
| 정보저장 | • 많은 양의 정보를 장시간 보관 | • 암호화된 정보를 신속하게 대량 보관 |
| 정보처리 및 결심 | • 관찰을 통해 일반화<br>• 귀납적 추리 • 원칙적용<br>• 다양한 문제해결(정성적) | • 연역적 추리<br>• 정량적 정보처리 |
| 행동기능 | • 과부하상태에서는 중요한 일에만 전념 | • 과부하상태에서도 효율적 작동<br>• 장시간 중량작업<br>• 반복작업, 동시에 여러 가지 작업 가능 |

## 3. 요원하부체계

설계 및 개발과정에서 직무 및 기능분석, 작업설계, 운용절차, 요원선발훈련, 훈련보조 재료의 개발과 인력수급계획 등의 요원문제에 관한 절차를 구체화하여 체계분석 및 설계에 있어서 인간공학의 가치인 성능의 향상, 훈련비용의 절감, 인력이용률의 향상, 사고 및 오용으로부터의 손실감소, 생산 및 정비유지의 경제성 증대, 사용자의 수용도 향상 등을 위한 체계가 유지되어야 한다.

### 1. 1. 4 인간 - 기계 통합체계

인간과 기계체계의 설계는 기계를 인간체계에 조화시킬 때 설계하는 방법이다.

기계를 설계할 때는 인간기능에 조화를 이루도록 설계해야 하며, 생산공장을 설립할 때는 인간과 기계의 기능을 고려하여 계통별로 분류하고 최종적으로 통합체계를 만들어 제품을 완성해야 한다.

인간과 기계를 설계할 때 고려해야 할 요소는 목표설정, 기능분류, 인간요원개발, 인간과 기계의 체계, 기계장비의 설계 및 체계설계 등이다.

즉, 인간-기계 통합체계(man-machine integration)란 일반적으로 자동화를 의미하므로 본절에서는 자동제어에 대해서 설명하기로 한다.

1. 자동제어의 종류

자동화란 종래 작업자가 수동으로 하고 있던 일을 기계가 대신해 주거나 또는 인간이 할 수 없는 일이나 안전에 저해되는 작업요소 등 모든 분야에서 기계를 사용하여 작업을 가능하게 하는 자동제어(auto control)장치를 말한다.

일반적인 인간-기계체계의 종류는 수동체계와 자동체계가 있다. 수공구, 보조물 등을 이용하여 근로자의 신체적 힘을 원동력으로 사용하여 작업을 통제하는 방식인 수동체계는 변화가 별로 없는 기능수행에 적합하며, 반자동체계 기계자체가 감지, 정보처리, 의사결정 행동 등을 다하고, 인간은 감시, 프로그램, 정비 유지만 하는 자동체계 방식 등이다.

(1) 개회로

개회로(open loop control, sequence control)는 지시대로 동작

하고 수정 불가능하며 정해진 순서에 따라 제어를 차례로 행하는 것으로 제어의 순서와 제어시간이 기억되어 정해진 제어순서를 정해진 시간에 행하는 시한제어와 제어순서만이 기억되고, 시간은 검출기에 의해 이루어지는 순서제어, 검출기의 종류에 따라 제어명령이 결정되는 조건제어 등으로 분류되어진다. 그 효과는 대폭적인 인원감소, 같은 물건의 품질 균일화, 생산속도 증가와 위험방지 및 작업장 환경청결 등을 들 수 있다.

(2) 폐회로

폐회로(closed loop control, feed back control)는 제어결과를 측정하여 목표로 하는 동작이나 상태와 비교하여 잘못된 점을 수정하여 나가는 제어방식으로 출력측의 일부를 입력측으로 돌리는 조작에 의하여 제어량을 측정하며, 기준치와 비교하여 오차를 자동으로 수정하여 항상 일정한 상태를 유지시키는 방식이다.

물체의 위치, 방향, 자세 등의 기계적 변이 제어를 하는 서보 기구, 온도, 유량, 압력, 습도, 밀도 등의 제어를 하는 프로세서 제어(process control), 전압, 주파수, 속도 등의 제어를 하는 자동조절 등이 있다.

## 2. 안전화의 본질

기계는 본질적으로 고장 및 위험으로부터 안전화를 위한 장치가 반드시 필요로 하는 단계에 이르렀다. 본질 안전화에 포함될 내용은 안전기능이 기계장치에 내장되고 페일세이프 기능을 가져야 한다.

페일세이프의 형태는 1차적 안전화로 안전을 고려한 설계, 또는 안전장치이고 2차 안전화로 보호구 착용 등이 있다. 안전화의 여러가지 구조로는 저균열 속도구조, 다경로 하중구조, 조합구조, 이중구조, 하중 해방구조 등이 있다. 또한 기능면에서 일반적인 산업기계에 사용되는 페일패시브(fail-passive), 페일액티브(fail-active), 운전

상 제일 선호하는 방법인 페일오퍼레이션(fail-operational) 등이 있으며 한계스위치(limit switch)로는 이동제한장치, 하중제한장치, 모멘트 제한장치 등이 있다.

## 1. 1. 5 인간공학적 설계

### 1. 인간에 대한 감시방법

감시(monitoring) 방법에는 아래와 같이 여섯 가지로 분류하는데, 일반적으로 1~2개 이상 방법을 결합하여 안전대책을 감시방법으로 활용하고 있으며 다음과 같다.

| | |
|---|---|
| 자기적 방법<br>(self monitoring) | 감각으로 자기의 상태, 즉 자극, 고통, 피로, 권태, 이상 감각을 알고 자신을 감시하는 방법으로 그 결과를 동작자 자신이 감지하든지 또는 모니터링 센터에 전달하는 등 두 가지 방법이 있음. |
| 생리학적 방법<br>(physiology monitoring) | 맥박수, 호흡속도, 체온, 뇌파 등으로 인간자체의 상태를 생리적으로 감시하는 방법 |
| 시각적 방법<br>(visual monitoring) | 동작자의 태도를 보고 상태를 파악, 분석하는 방법으로 쉽고 정확하게 판단할 수 있음. |
| 반응적 방법<br>(reaction monitoring) | 인간에게 청각, 시각 등의 자극을 주어 이에 대한 반응을 보고 정상, 비정상 상태를 파악하는 방법 |
| 환경적 방법<br>(environment monitoring) | 작업환경조건 개선으로 인체의 상태, 즉 안락 여부, 기분전환을 파악하는 것으로 간접적인 방식 |
| 무자극적 방법<br>(stimulationless monitoring) | 근로자의 평상시 동작과 현상태의 동작을 비교하여 정상과 비정상을 판단하는 방법으로 시각적 모니터링과 다른 점은, 시각적 모니터링은 감독자가 근로자의 동작과 심적 변화 및 모든 것을 보고 판단하는 데 반해, 무자극 모니터링은 근로자의 동작자체만 보고 판단하는 것 |

## 2. 제동장치시스템

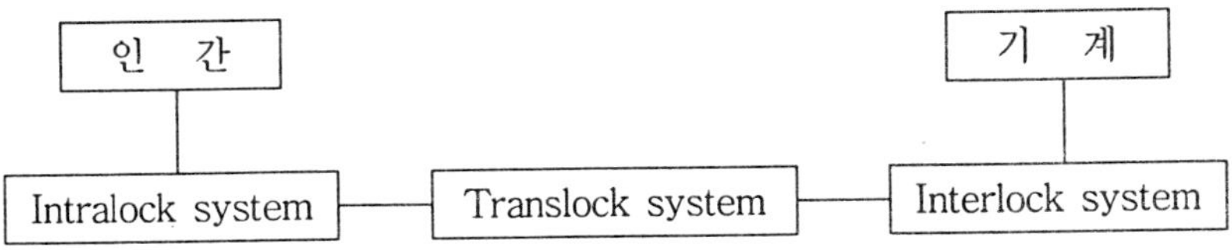


그림 2. 3 제동장치시스템(lock system)

제동장치시스템(lock system)을 대별하면 내부제동장치(inter lock system), 이동제동장치(trans lock system), 심적제동장치(intra lock system)의 세 가지로 나눌 수 있다. 기계와 인간은 각각 특수성과 인간의 생리적 관습에 의하여 사고를 일으킬 수 있는 불안전한 요소를 지니고 있기 때문에 기계를 중심으로 통제하는 내부제동장치, 인간의 심중에 인간과 기계 사이를 통제하는 이동제동장치를 두어 불안전한 요소에 대하여 통제를 가한다.

## 3. 경고신호

기계를 인간에 맞게 적용시키려 해도 인간의 능력에는 한계가 있다. 인간이 기계를 작동시킬 때 기계를 무리하게 다루거나 기계에 이상이 있을 때 그 위험성을 미리 알려 주는 것이 경고신호이다. 즉, 인간의 지각과 인식을 기초로 일어나는 인간의 생리적인 능력과 물리적인 기계작용과의 내부적 상호관계를 연구하여 인간과 기계의 취약점 등을 능률적으로 안전하게 하기 위한 것으로 위험을 사전에 알려서 대비하고자 하는 목적으로 사용되는 안전장치이다.

높은 신호의 구비능력으로는 기계의 동작자는 주위 사람의 주의를 끌 수 있어야 하며, 경고신호의 뜻과 행동절차를 제시하고 기계 자체 및 인간과 관계되는 타물체에 미치는 영향을 최소한 감소시키면서 경고신호를 받고 나서 행동까지 시간적 여유가 있어야 한다.

## 4. 기계의 통제장치

통제기는 통제기능에 따라 개폐에 의한 통제, 양의 조절에 의한 통제, 반응에 의한 통제 등으로 나누어지며, 통제기는 양립성과 표식을 갖는 설계로 해야 한다.

통제기기의 선택시 기계에 대하여 통제기기가 갖는 기능에 따라 선택하며, 통제기기의 작동속도, 정밀도, 조작의 난이성 판단, 통제기에 대한 정보, 설치위치, 면적, 통제기와 작업관계를 고려하여 선택한다. 통제기는 연속적인 조절이 필요한 형태인 손잡이(knob), 회전식 손잡이(crank), 핸들(handle), 지렛대(lever), 페달(pedal)과 불연속적인 조절이 필요한 형태인 수동 푸시버튼(push button), 발 푸시버튼(foot push button), 토글(toggle), 회전식(rotary) 스위치 등이 있으며 안전장치와 통제장치를 겸하는 것이 많다. 이러한 것은 푸시버튼의 오목변 이용, 토글스위치의 커버설치, 로킹(locking)의 설치 등이 있다.

통제기의 선택시는 정밀도, 속도, 조작력 중 어느 것에 중점을 둘지를 생각하고 계기 지침의 일치성은 보유하고 복잡, 정밀조정이 필요로 할 때는 멀티로테이션 콘트롤기기(multirotation control machine)가 좋다. 그리고 식별이 용이한 것을 선택하고 특정 목적에 사용되는 통제기는 단일보다는 여러 개를 조합하여 사용하는 편이 좋다.

특히, 조작력과 세팅(setting) 범위에 중점을 두어야 하는데 조작력이 적게 소요되는 경우, 2개소의 불연속 세팅의 경우는 수동식 푸시버튼, 발 푸시버튼, 토글스위치를 사용하고, 3개소의 불연속 세팅의 경우는 토글 스위치, 로터리 스위치를 사용하며, 4~24개소의 세팅이 소요되는 경우는 로터리 스위치를 사용한다. 그리고 작은 범위의 연속세팅인 경우는 손잡이(knob)와 지렛대(lever)를 사용하고, 큰 범위의 연속 세팅의 경우는 크랭크를 사용한다. 또한 조작력을 크게 요하는 경우, 2개소의 불연속 세팅의 경우는 정지장치가 있는 레버, 수동식 대형 푸시버튼, 대형 발 푸시버튼을 사용하고, 3~24개소의 불연속 세팅의 경우는 정지장치가 있는 레버를 사용하며, 적은 범위의 연속세팅인 경우는 핸들, 로터리 페달 또는 레버를 사용하고, 넓은 범위의 연속세팅인 경우는 대형 크랭크를 사용하는 것이 일반적이다.

통제표시비는 설계시 다섯 가지 요소인 계기의 크기, 공차, 목측거리, 조작시간, 방향성을 고려하여 설계하는데, 표시비는 다음과 같다.

$$\frac{C}{D}\text{비} = \frac{X}{Y} = \frac{\frac{a}{360}\times 2\pi \times L}{\text{표시계기의 이동거리}}$$

$X$ : 통제기의 변위량(cm)　$Y$ : 표시기의 지침 변위량(cm)
$a$ : 조종장치가 움직인 각도　$L$ : 반경(지레의 길이)

그림 2.4 선형 표시 장치를 움직이는 치구에서의 C/D비

통제기기를 설계할 때는 통제기기의 크기와 공차를 고려하고, 지시기는 목측거리를 고려하여 근로자의 눈의 위치에 설치해야 한다.

또한 디스플레이(display)시 형성하는 목시각은 수평인 경우, 최적조건은 15° 좌우이며, 제한조건은 95° 좌우이다. 수직인 경우, 최적조건은 0~30° 이며, 제한조건은 75~85° 로 되며 정상적인 위치에서 모든 작업의 디스플레이를 보기 위한 작업자의 시계는 60~90° 정도가 되어야 한다.

## 1. 2 정보입력 표시장치

### 1. 2. 1 시각적 표시장치

표시장치의 유형은 정량적 · 정성적 표시장치로 나눌 수 있고, 동

적(dynamic) · 정적(static) 표시장치로 구분한다. 변수의 정량적인 값으로 나타내는 정량적 정보, 가변 변수의 대략적인 값, 즉 경향, 변화율, 변화 방향 등으로 나타내는 정성적 정보, 체계의 상황 혹은 상태를 나타내는 상태정보, 비상 혹은 위험상황 또는 어떤 물체나 상황의 존재 유무를 나타내는 경계 및 신호 정보, 사물, 지역, 구성 등을 사진, 그림 혹은 그래프로 묘사하는 묘사적 정보, 어떤 정적 상태, 상황 또는 사물을 구별하는 식별정보, 구두, 문자, 숫자 및 관련된 여러 형태의 암호화 정보, 플러스(plus)화되었거나 혹은 시차적인 신호에 관계되는 신호의 지속시간, 신호의 간격 및 이들의 조합에 의해 결정되는 정보 등이 있다.

시각적 표시장치를 구체적으로 살펴보면 다음과 같다.

## 1. 정량적 표시장치

표시장치의 기본형으로 정량적인 눈금이 정성적으로 사용되어 원하는 값으로부터의 대략적인 편차나 고도를 읽을 때, 그 변화방향과 비율을 알고자 할 때 사용된다. 그리고 나타내고자 하는 값의 범위가 비교적 작은 눈금판에 모두 나타내고자 할 때 사용하는 정침동목형이 있는데, 이 형은 수치를 정확히 읽어야 할 경우와 원형표시장치보다 판독오차가 적다. 만약, 판독시간이 더 짧기를 원하는 경우라면 원형은 3.54초, 계수형은 0.94초 정도의 판독시간을 요하므로 계수형을 택하는 것이 좋다.

정량적 눈금의 세부특성은 사람의 식별능력에 영향을 미치므로 눈금 단위의 길이, 눈금표시, 눈금의 수열, 특히, 지침의 설계는 선각이 20° 정도 되는 뾰족한 지침을 사용하여야 하고, 지침의 끝은 작은 눈금과 겹치지는 않게 하며 형눈금의 지침의 색은 선단에서 눈금의 중심까지 칠하며 시차를 없애기 위하여 지침을 눈금면과 밀착시켜야 한다.

## 2. 정성적 표시장치

온도, 압력, 속도 등 연속적으로 변하는 변수의 대략적인 값이나 또는 변화추세율 등을 알고자 할 때 사용하는 것으로 정량적 자료를 정성적 판독의 근거로 사용할 경우는 변수의 상태나 조건이 미리 정해 놓은 몇 개의 범위 중 어디에 속하는가를 판정할 때, 바람직한 어떤 범위의 값을 대략 유지하고자 할 때, 변화 추세율을 관찰하고자 할 때 사용한다.

## 3. 신호경보 표시장치

점멸등이나 상점등을 이용하여 빛의 검출성에 따라 변화하는 것으로 빛의 검출성의 영향인자로는 크기, 광속 발산도 및 노출시간, 색광, 점멸속도, 배경광 등을 들 수 있으며, 상태의 정상 여부를 판정하기 위한 상태표시기도 있다.

## 4. 묘사적 표시장치

회화적(pictorial)으로 사물을 재현하는 것과 도해 및 상징적인 것으로 표시하는 것이 있다.

비행자세 표시장치에는 항공기 이동형, 지평선 이동형이 있으며, 설계시에는 표시장치 통합의 원칙, 회화적 사실성의 원칙, 이동부분의 원칙, 추종 추적의 원칙, 빈도 분리의 원칙, 최적 축척의 원칙 등의 설계 원칙을 고려하여 설계에 착수한다.

## 5. 음극 선관 표시장치

영상의 성질, 장면의 직접 재현, 점영상, 도식적 표시, 전자적으로 발생시킨 문자인 숫자나 상형문자 등을 고려하여 표시한다.

## 6. 문자, 숫자 및 연관 표시장치

문자와 숫자가 판단의 효율성에 미치는 인자는 여러 가지가 있다.

특히, 글자 최적 독해성 횡폭비는 흰 숫자인 경우 1 : 13.3, 검은 숫자는 1 : 8을 원칙으로 하고 종횡비는 영어인 경우 대문자를 1 : 1, 숫자 3 : 5 정도로 하고 활자모양, 활자체, 크기, 대비, 행간격, 길이 등에 의해 읽힘성이 달라진다.

일반적으로 대문자가 소문자보다 더 빨리 검색이 가능하며, 검색 시간은 점이나 선으로 이루어진 글자가 거의 같으나 선보다는 점으로 이루어진 글자를 더 선호하는 경향이 있다.

### 7. 암호, 부호 및 기호 표시장치

부호의 유형은 묘사적 부호, 추상적 부호, 임의적(arbitrary) 부호가 있으며 암호체계 사용상의 일반적 지침으로 암호의 검출성, 암호의 판별성, 부호의 양립성, 부호의 의미, 암호의 표준화 등을 고려하여 다차원 암호를 사용한다.

그리고 기호는 시각적으로 가장 잘 볼 수 있도록 명도, 채도, 색상 등을 고려하여 나타내어야 한다.

## 1.2.2 청각적 표시장치

### 1. 경계 및 경보신호 지침

경계 및 경보신호의 선택이나 설계시 귀는 중음역에 가장 민감하므로 중간 정도의 진동수를 사용하고, 고음은 멀리 가지 못하므로 장거리용으로는 높은 진동수를 사용한다. 신호가 장애물을 돌아가거나 칸막이를 통과해야 할 때는 낮은 진동수를 사용하고, 주의를 끌기 위해서는 변조된 신호나 배경소음의 진동수와 다른 신호를 사용하여 경보효과를 높이면서 개시시간이 짧은 고강도 신호를 사용한다. 가능하면 다른 용도에 쓰이지 않는 확성기, 경적 등과 같은 별도 통신계통을 사용하는 것이 좋다.

## 2. 청각 · 시각 표시장치의 비교

청각적 표시장치가 시각적 장치보다 유리한 경우는 신호음 자체가 음일 때, 무선거리 신호, 항로 정보 등과 같이 연속적으로 변하는 정보를 제시할 때, 음성통신 경로가 전부 사용되고 있을 때이며 청각과 시각장치를 비교 설명하면 표 1. 3과 같다.

표 2. 3 시각과 청각의 표시

| 청각장치 사용 | 시각장치 사용 |
|---|---|
| • 전언이 간단함.<br>• 전언이 짧음.<br>• 전언이 후에 재참조되지 않음.<br>• 전언이 시간적 사상을 다룸.<br>• 전언이 즉각적인 행동을 요구함.<br>• 수신장소가 너무 밝거나 암조응 유지가 필요할 때 쓰임.<br>• 직무상 수신자가 자주 움직일 때 쓰임.<br>• 수신자의 시각계통이 과부하 상태일 때 쓰임. | • 전언이 복잡함.<br>• 전언이 김.<br>• 전언이 후에 재참조됨.<br>• 전언이 공간적인 위치를 다룸.<br>• 전언이 즉각적인 행동을 요구하지 않음.<br>• 수신장소가 너무 시끄러울 때 쓰임.<br>• 직무상 수신자가 한곳에 머무를 때 쓰임.<br>• 수신자의 청각 계통이 과부하상태일 때 쓰임. |

## 1. 2. 3 촉각적 표시장치

피부감각을 이용한 표시장치로, 피부감각을 기계, 전기, 온냉, 화학적 자극을 발생시킴으로써 구성되는 것이다. 조종장치의 촉각적 암호화는 형상 암호화된 조종장치의 식별과 표면촉감을 이용한 조종장치의 암호화, 크기를 이용한 조종장치의 암호화 등이 있으며, 동적인 촉각적 표시장치는 피부에 진동기 부착, 증폭된 음성을 진동기를 사용하여 피부에 전달하는 기계적 자극과 전기적 자극으로 구분된다.

또한 촉각적 표시기에는 크게 두 가지 유형이 있다. 동적(dynamic)

인 표시기는 대상을 지각하는 진동각과 진동부위를 시간적으로 변화시킴으로써 발생하는 운동감각으로 감지하며, 정적(static)인 경우는 촉각, 누름 감각과 손가락 끝이나 손바닥을 움직이는 데 따른 팔의 근육이나 관절위치 등의 감각에 의한다.

표 2. 4 촉각 표시기의 분류

| 형 식 | 동 적 | 정 적 |
|---|---|---|
| 특 징 | 표시부를 피부에 고정시켜 시간적으로 변화하는 정보를 찾아냄. | 표시부위를 손가락이나 손바닥을 움직여 접촉함. |
| 용 도 | 휴대형 | 탁상형 |
| 생체감각 | 촉각수용기관 | 촉각수용기관, 근육, 관절감각 |
| 제 약 | 공간적 크기 | 시간적 속도 |

## 1. 2. 4 표시장치를 이용한 인간의 정보처리

인간요소적 측면에서 살펴보면 장기기억이든 단기기억이든 정보기관을 통하여 인지를 하고 이를 회상하여 정보처리단계를 거쳐 문제해결 및 의사결정을 하게 되며 신체반응의 통제를 하는 정보의 과정을 거치게 된다.

인간의 정보처리에 대한 학습은 학습자 입장에서의 동기유발, 결과에 대한 지식, 훈련기관의 분포, 사용하는 유인의 종류, 인간 내부의 영구적인 어떤 변화로 이루어지며 이는 개인의 행동에 의해 나타나게 된다. 또한 학습으로 인해 전신적 기술, 조작적 기술, 인식적 기술, 언어기술 등을 익히게 되고 학습은 자극반응이 최초 학습시 자극의 반응과 같을 때 최대의 효과가 일어나고, 하나의 자극에 대해 이미 학습한 반응과 다른 새로운 반응이 될 때 최소의 효과가 일어난다. 따라서 인간의 정보처리는 학습을 통하여 더 쉽게 표시장치를 이용할 수 있다.

# 1.3 인체계측 및 작업공간

## 1.3.1 인체계측의 의의

인간공학적인 측면에서 인간과 기계 사이의 제반관계를 연구하여 인간-기계 체계의 효율을 높이고자 구조적 인체치수와 기능적 인체치수를 대별하여 인체계측을 행한다. 인체계측치는 연령, 성별, 민족 등의 차이 외에 지역차 혹은 장기간의 근로조건, 스포츠의 경험에 따라서도 차이가 있을 수 있으므로 설계집단에 적용할 때는 여러 요인들을 고려할 필요가 있으며, 계측치의 표본수는 신뢰성과 재현성이 높아야 하고 최소 표본수는 50~100명으로 하는 것이 적당하다.

인체계측치는 어떤 기준에 따라 측정되었는가를 확인하고 통상 나체치수로 나타내고, 설계대상에 그대로 적용되는 경우는 드물며, 설계대상의 집단은 항상 일정한 것으로 한정되어 있지 않으므로 적용범위로서 허용차를 고려해야 한다.

인체자료 응용시는 최대·최소 치수, 조절범위, 평균치를 기준으로 한 설계를 기본으로 한다. 그리고 인체 측정방법에는 동적 측정방법과 정적 측정방법이 있는데, 전자는 인체의 표준값을 찾기 위해 사람이 움직일 때 인체의 각 부분을 측정하는 방법이고, 후자는 인간의 피로를 측정하기 위해 사람을 정지시킨 상태에서 생리적으로 측정하는 것이다.

### 1. 정적 인체계측

구조적 인체치수를 측정하는 것으로, 표준 자세에서 움직이지 않는 피측정자의 인체를 측정하는 방법으로서 여러 가지 설계의 표준이 되는 기초적 치수를 결정하고 주로 Martin식 인체계측기를 사용한다.

#### 2. 동적 인체계측

기능적 인체치수를 측정하는 것으로 체위의 움직임에 따른 계측법으로 실제작업, 샘플 조건에 현실성이 있는 치수측정이 가능하다.

기능적 치수를 사용하는 중요한 이유는 신체적 기능을 수행할 때 각 신체부위는 독립적으로 움직이는 것이 아니라 조화를 이루어 움직이기 때문에 인체계측에 많이 이용된다고 하겠다.

### 1.3.2 신체활동의 생리학적 측정법

생리학적 측정법에는 에너지대사량, 즉 에너지대사율(RMR), 산소섭취량, 이산화탄소 배출량 등과 호흡량, 심박수, 근전도(EMG) 등을 측정하는 동적 근력작업과 에너지대사량과 맥박수와의 상관관계 및 시간적 경과 근전도 등을 측정하는 정적 근력작업과 매회 평균호흡진폭, 맥박수, 피부전기반사(GSR) 등을 측정하는 신경적 작업과 플리커값(CFF) 등을 측정하는 심적 작업 등이 있다.

#### 1. 동적 근력작업의 측정

동적 근력작업의 측정은 근로자에게 주어진 일을 시키고 에너지대사율, 산소섭취량, 이산화탄소 배출량, 호흡량, 심박수, 근전도 등을 측정하는 것을 말한다.

##### (1) 호 흡

작업시 근로자의 호흡량을 측정하여 산소량과 이산화탄소 배출량을 측정한다. 즉, 건강한 성인을 선택하여 작업을 시킨 후 더글러스백(Douglas bag)으로 배기량을 채집하고 더글러스백 속에 있는 산소량을 측정하여 인체에 흡수한 산소량을 계산한다.

인체에 흡수된 산소량이 1시간당 1 $l$가 소모되었다면 에너지소비율은 5kcal가 소모된 것으로 계산하여 에너지소비량을 산출하며, 호흡량 측정은 성인 한 사람이 1분 동안에 평균 16회 호흡한다고 생각하고 1회 호흡량을 500cm$^2$으로 하여 계산한다.

### (2) 에너지대사율

에너지대사율(Relative Metabolic Rate ; RMR)은 작업대사량과 기초대사량의 비로서 작업대사량은 작업시 소비된 에너지와 안정시 소비된 에너지와의 차를 말한다.

에너지대사율을 식으로 표시하면 다음과 같고 에너지대사율과 작업의 관계는 초경작업은 0~1, 경작업은 1~2, 경중작업은 2~4, 중작업은 4~7, 초중작업은 7 이상이며, 식에서 기초대사량은 시간당 소비된 에너지량을 의미하고 단위는 kcal/h이다.

$$\text{에너지대사율} = \frac{\text{작업대사량}}{\text{기초대사량}}$$

### (3) 근전도

근전도(electromyogram ; EMG)는 근로자가 작업할 때 전기침으로 피부저항을 측정하는 것으로, 근로자가 작업할 때 근육운동이 일어나고 이 근육운동은 피부의 습기량을 변화시킨다. 이 습기량에 따라 피부 양측에 부착된 침전극 사이에 전기저항이 바뀌게 된다. 이 저항값을 측정하여 그림으로 나타낸 것을 근전도라고 한다.

## 2. 정적 근력 및 신경적 작업 측정

정적 근력작업 측정은 근로자를 움직이지 않게 하고 에너지대사율, 심박수, 근전도 등을 측정하는 것을 말하며, 신경적 작업 측정은 작업이 신경계통에 미치는 영향 등을 측정하기 위하여 실시하는 측정법이다. 신경적 작업 측정은 심박수, 매분 호흡수, 피부저항값, 정신전류반사 등이 있다.

### 3. 심적 작업 측정법

심적 작업 측정법은 뇌의 피로값을 측정하기 위하여 실시하며 심적 작업 측정은 플리커값으로 측정한다.

#### (1) 플리커값

플리커값(Flicker Frequency of Fusion light ; CFF)은 빛의 성질을 이용하여 뇌의 기능을 측정하는 기구로서 저주파에서 차츰 주파수를 높이면 깜박거림이 없어지고 빛이 일정하게 보인다. 이 성질을 이용하여 뇌가 피로한지 피로하지 않은지를 측정하는 방법이다.

그림 1.10은 플리커값의 한 예이다. 그림에 의하면 아침 6시에서 최저값이 되고 오후 2시에 최대값이 되며 밤 10시 이후에는 갑자기 떨어진다. 갑자기 떨어지는 곳에서는 대뇌기능이 약해지는 것을 의미한다.

#### (2) 정신 전류반사

정신 전류반사(Galvanic Skin Reflex ; GSR)는 대뇌의 자극상태를 측정하는 방법으로 인간의 땀은 온도가 높을 때와 감정에 자극받았을 때, 즉 긴장과 흥분 때문에 나온다.

긴장과 흥분 때문에 나오는 땀은 손바닥이나 발바닥 등 피부의 전기저항을 변하게 하며, 이 피부저항을 측정하여 근로자의 긴장과 흥분상태를 측정하는 방법이다.

## 1.3.3 작업공간 및 작업자세

### 1. 앉은 사람의 작업공간

한 장소에 앉아서 수행하는 작업활동에서 작업하는 데 사용하는 공간을 작업공간, 포락면이라 하고 앉은 작업자가 특정한 수작업 기능을 편히 수행할 수 있는 공간의 외곽한계를 파악한계라 말한다.

여기서 포락면은 특정한 공간으로서 포락면을 설계하기 위해서는 인체 측정학적 연구가 필요한데, 사람의 유형이나 의자배치가 다르거나 수작업이 크게 다른 경우에는 직접 전용할 수 없으므로 주의해야 한다.

## 2. 작업대

수평작업대(work surface)는 정상작업역과 최대작업역으로 나누며, 정상작업역은 팔꿈치를 굽힌 상태에서 좌우로 회전시의 반경작업역을 말하며, 최대작업역은 팔꿈치를 편 상태에서의 작업역을 말한다. 작업대의 높이는 착석식 작업대 높이에서 의자 높이, 작업대 두께, 대퇴 여유 등과 밀접한 관계를 가지게 되는데, 일반적인 작업대의 최적 높이는 섬세한 작업에서는 약간 높게 설정하고 거친 작업은 약간 낮게 설정하는 것이 바람직하다. 입식 작업대 높이는 팔꿈치 높이보다 5~10cm 정도 낮게 설정하며, 이는 경조립작업이나 이와 비슷한 조작작업에 적당하며 근전도(EMG), 인체측정, 무게중심 결정 등의 방법을 이용한다.

## 3. 의자의 설계원칙

체중분포, 의자좌판의 높이, 의자좌판의 깊이와 폭, 몸통의 안전 등을 고려하여 설계하는데 좌판과 등판의 각도는 사무실 의자의 경우 좌판각도는 3°, 등판각도는 100° 정도로 하고 휴식 및 독서용은 각도가 더 큰 것을 선호한다.

의자는 관련되는 많은 변수들 때문에 의자의 고정배치를 설계하기는 힘들다. 작업대높이와 두께, 대퇴여유(thigh learance) 등에 밀접한 관계가 있지만 일반적으로 섬세한 작업일수록 높으면 좋고 거친 작업에는 약간 낮은 편이 좋으며 의자높이, 발걸이 등이 조절될 수 있도록 설계하는 것이 바람직하다.

표 2.5 의자높이 (단위 : mm)

| 의 자 높 이 | 균형상실 방지거리 |
|---|---|
| 570 이하 | 최소 195 |
| 700 이하 | 최소 220 |
| 800 이하 | 최소 240 |
| 900 이하 | 최소 260 |

## 4. 공간이용 및 배치

부품배치의 원칙은 중요성의 원칙, 사용빈도의 원칙, 기능별 배치의 원칙, 사용순서의 원칙을 고려하며 시각적 표시장치는 정상 시선 주위의 10~15° 반경을 갖는 원내에 있도록 하고 수동조작장치는 조작유형, 작동방법, 성능기준의 함수 등을 고려하고 풋(foot)조작장치에서 발판의 각도는 수직으로부터 15~35° 인 경우가 압력이 가장 크다는 것을 고려한다.

개별 작업공간 설계시 1순위로서 시각적 임무를 설계하고, 2순위로서 주시각 업무와 상호 작용하는 주조종장치를 설계하며, 3순위로 조정장치와 표시장치간의 관계를 설계하고, 4순위로 순서적으로 사용되는 부품의 배치를 설계하며, 5순위로 자주 사용되는 부품은 편리한 위치에, 6순위로 체계내 혹은 다른 체계의 여분배치와 일관성 있게 공간을 설계한다.

## 5. 작업자세의 결정

작업자세는 작업자와 작업점의 거리 및 높이, 작업자의 힘과 작업자의 성별작업의 정밀도, 그리고 작업장소의 넓이와 사용하는 장비, 기계, 도구, 작업시간, 작업기술과 작업자의 능력 등을 고려하여 결정하며, 작업자세에 대해 살펴보면 그림 1.13과 같다.

## 1. 3. 4 인간의 특성과 안전

### 1. 인간과오와 시스템 성능 관계

$$\mathrm{HE} = F \times K \times \mathrm{SP}$$

SP : 시스템 수행도(System Performance)
HE : 인간과오(Human Error)
$F$ : 관수
$K$ : 상수
$K \fallingdotseq 1$ : 인간과오가 시스템 수행도에 중대한 영향을 일으키는 것을 의미함.
$0 < K < 1$ : 인간과오가 시스템 수행도에 대하여 잠재적인 영향 내지 위험을 주는 것
$K \fallingdotseq 0$ : 인간과오가 시스템 수행도에 대하여 아무런 영향을 주지 않는 것을 말하며, 또한 인간 과오가 뇌파 패턴으로부터 신뢰성을 구분할 수 있음.

표 2. 6 각 의식수준에 대응한 뇌파의 패턴

| 단계 | 뇌파패턴 | 의식의 모드 | 주의의 작용 | 생리적 상태 | 신 뢰 성 |
|---|---|---|---|---|---|
| 0 | $\delta$파 | 무의식, 실신 | •제로(zero) | •수면,뇌발작 | 0 |
| I | $\theta$파 | 이상,의식둔화 | •부주의 | •피로, 단조로움,졸음,숙취 | 0.90 이하 |
| II | $\alpha$파 | 정상 (긴장상태) | •수동적, 마음의 내향성 | •안정기거, 휴식시, 정상작업시 | 0.99~0.9999 |
| III | $\beta$파 | 확실한 정상 | •적극적, 전향적, 위험예지, 주의력 범위 넓음. | •적극활동시 | 0.999999이상 |
| IV | $\beta$파 전간파 | 건강과 긴장 | •일점에 고착 판단 정지 | •긴급방위반응 당황→공포 | 0.9 이하 |

## 2. 정보처리계 및 에러모드의 분류

과오라는 관점에서 보아 다음의 루프에서 가장 문제가 되는 것은 감각중추에서 운동중추까지의 대뇌과정인데 다수의 뇌세포를 연결하는 복잡한 신경 네트워크 속을 신호가 흘러 판단이나 의지결정이 이루어지지만 뇌세포를 여러 개 거쳐 나가기 때문에 아무리 간단한 판단일지라도 0.1초는 걸리고, 익숙한 계기의 판독에도 0.4초 이상이 걸린다. 이때 대뇌과정은 한 번에 두 개 이상의 판단이나 주의집중이 되지 않기 때문에 기능상 단일채널이라 한다. 과오모드에는 기능상 다음과 같이 분류되어진다.

### (1) 인지 확인의 미스

작업 정보의 입수에서 감각중추에서 하는 인지까지 일어난 것으로, 작업 순서로서 의무적으로 해야 하는 확인의 미스도 이에 포함한다.

### (2) 판단의 미스

중추과정에서 일으키는 것으로 의사결정의 미스나 기억에 관한 실패도 이에 포함한다.

### (3) 동작 또는 조작의 미스

운동중추에서 올바른 지령은 주어졌으나 동작 도중에 잘못하는 것과 같은 에러로 좁은 의미의 조작미스를 말한다.

## 3. 인간과오의 분류

인간과오라 함은 허용된 한계를 넘는 일련의 인간의 행동을 말하는 것으로 인간과오의 분류에는 심리적, 행동과정, 원인의 수준에 따른 정보처리 등으로 분류한다.

(1) 심리적인 분류

필요한 과업(task), 혹은 작업의 단계(step)를 수행하지 않으므로 인한 과오인 생략적 과오(omission error), 필요한 과업 또는 절차의 수행지연으로 인한 과오인 시간지연 과오(time error), 필요한 과업 혹은 절차의 불확실한 수행으로 인한 과오인 수행적 과오(commission error), 필요 과업 혹은 절차 순서의 이해 잘못으로 인한 과오인 순서적 과오(sequential error), 불필요한 과업 혹은 절차를 수행함으로 인한 과오인 불필요한 과오(extraneous error) 등으로 분류한다.

(2) 인간 행동과정 분류

감지 및 인식(input)에서 시작하여 정보처리(information processing) → 의사결정(decision making) → 행동(output)영역에의 지령 → 행동(output) → 정보궤한(feedback)과 인간의 행동하는 경우의 프로세서에 따른 분류로, 어느 것에도 인간과오를 일으킬 수 있는 원인이 있는 것을 나타내고 있다. 여기서 감지 및 인식과오(input error)는 감각기관 등의 감지 결함을, 정보처리 과오(information processing error)는 확인, 판단미스, 의사결정 과오(decision marking error)는 조치의 미스를 의미한다.

(3) 원인의 수준적 분류

작업자 자신으로부터 발생한 과오인 주과오, 작업형태나 작업조건 중에서 다른 문제가 생겨 그 때문에 필요한 사항을 실행할 수 없는 과오, 어떤 결함으로부터 파생하여 발생한 과오인 2차적 과오, 요구된 것을 실행하고자 하여도 필요한 물건, 정보, 에너지 등의 공급이 없는 것처럼 작업자가 움직이려 해도 움직일 수 없으므로 발생하는 과오인 지시과오(command error) 등이 있다. 또한 대뇌에서의 정보처리 과오로는 확인 오류인 인지과오, 기억오류인 판단과오, 동작,

조작, 명령오류인 조치과오 등이 있다.

## 4. 휴먼에러의 심적 · 물적 요인

휴먼에러는 작업 자체에 원인이 있는 과오와 인간 자체에 원인이 있는 과오로 분류한다. 이를 다시 심적 요인과 물적 요인으로 분류하면 심적 요인은 그 일의 지식이 부족하거나 일할 의욕이나 도덕성이 결여되어 서두르거나 절박한 상황, 무엇인가의 체험으로 습관적이 되어 있을 때, 선입관으로 괜찮다고 느끼고 있을 때, 주의를 끄는 것이 있어 그것에 치우쳐 주의를 빼앗기고 있을 때, 많은 자극이 있어 어떤 것에 반응해야 좋을지 알 수 없을 때, 매우 피로해 있을 때 등이 있다. 물적 요인은 일이 단조롭거나 일이 너무 복잡하고 일의 생산성이 너무 강조될 때, 자극이 너무 많을 때, 동일 형상의 것이 나란히 있을 때, 공간적 배치에 맞지 않은 기기가 존재할 때 등으로 나타낼 수 있다.

## 5. 의식수준과 인간과오

인간의식은 피로시, 졸음, 의식 상실 등에 의해, 인간과오의 배후요인인 인간, 기계, 매체전달, 경영, 즉 4M에 의해 수준의 변화를 가져 오게 된다.

긴장수준(tension level)의 변화 특징은 긴장수준이 저하됨으로 인해 인간기능 저하를 가져 오며, 각종 불쾌감 유발로 인해 인간과오가 발생하여 사고가 나타난다.

일반적으로 예측수준이 높은 대상에 대해서는 주의를 기울이게 되고, 낮은 대상에는 주의를 기울이지 않게 되며, 예측수준의 고저는 체험지식 등을 기초로 조절하게 된다.

# 1.4 작업환경 관리

## 1.4.1 작업조건과 환경조건

### 1. 작업환경

작업환경은 일반적으로 온도, 습도 등의 온열조건, 조명 및 채광조건, 소음, 진동 등 분진, 가스, 흄, 스모크, 더스트 등 폐기물의 통로의 기본적인 조건을 갖고 있다.

작업환경이 불결하고 작업조건이 적절하지 못하면 산업중독, 진폐, 직업성 피부장해, 직업암 등 다음과 같은 만성질환에 걸리게 된다. 따라서 직업병을 예방하기 위해서는 작업점을 인간의 신체구조에 적합하도록 조절하거나 또는 인간을 작업공정에 적합하도록 조정해야 한다.

표 2.7 작업환경과 직업병

| 작 업 환 경 | 직 업 병 |
|---|---|
| 온습조건 | 열중증(일사병, 열사병), 열허탈, 동상, 냉난방병 등 |
| 조명, 유해광선 | 시력장해, 전리방사선 물질에 의한 신경장해 |
| 소음, 진동 | 난청, 관절통, 백치병, 관절변형증 등의 진동장해 |
| 유해가스 증기 및 분진 | 금속열병(metal fume fever), 납중독, 유기용제중독, 수은중독, 진폐, 직업암 등 |
| 이상기압 | 잠압병(잠수병) |
| 작업자세 | 허리병, 등병, 관절병 등 |

### 2. 유해물질의 분류와 요인

유해성 물질의 분류에는 유해성 물질의 성상이나 물리적인 특성에 따라 분류하는 방법과 유해성 물질의 화학적 성질이나 구조에 따라 인체의 장해요인에 따르는 방법이 있는데, 표 1.8과 같다.

유해물질의 농도와 접촉시간은 K. Hafer의 법칙인 유해물질의 농도×노출시간= $K$에 따르지만 작업강도, 근로자의 감수성, 기상조건 등에 따라 달라지며 여기서 $K$는 유해지수이다.

유해물질은 유해물질에 대한 사전점검 조사 및 저장, 위치, 공정 등의 변경과 유해물질을 발생원으로부터 제거할 수 있는 관리대책을 세워야 한다.

표 2.8 작업환경 유해물질

| 구 분 | 성 상 | 입자의 지름, 형태 |
|---|---|---|
| 가스(gas) | 25℃, 760 mmHg에서 기체 | 분 자 상 |
| 증기(vapor) | 25℃, 760 mmHg에서 기체 또는 고체 표면에 발생한 기체 | 분 자 상 |
| 미스트(mist) | 공기 중에 분산된 액체의 미립자 | 0.1~100 $\mu$ |
| 분진(dust) | 공기 중에 분산된 고체의 미립자 | 0.1~100 $\mu$ |
| 흄(fume) | 화학반응에 의해서 무기성 가스 또는 금속증기가 변화하여 생긴 미립자상의 화합물 | 0.1~1 $\mu$ |
| 스모크(smoke) | 유기물의 불완전한 연소에 의하여 생긴 미립자 | 0.01~1 $\mu$ |

### 3. 작업환경 개선

개선대상과 개선순서, 시기, 방법, 비용, 개선 효과를 측정하여 작업공정의 변경, 작업 방법의 개선, 원자재 대체 사용, 작업자의 보호대책, 설비의 안전화 등을 실시한다. 특히, 환기는 온도대책으로 냉기를 송풍, 공급하는 것으로 유해 유독가스와 분진의 배기, 체류가스나 증기의 확산이나 희석을 위한 급기, 폭발성 가스나 폭발성 분진의 제거, 기타 환기 필요성에 의한 개선조치 등을 목적으로 자연환기 또는 강제환기를 실시한다.

## 1. 4. 2 작업환경과 인간공학

### 1. 온 도

온도변화에 대해 인체는 저온에서 고온 환경으로 변할 때의 신체는 많은 양의 혈액이 피부를 경유하게 되므로 많은 땀이 생성되고, 직장 온도가 내려가고, 발한이 시작된다. 반대로 저온에서 한냉 환경으로 변할 때의 신체는 피부온도가 내려가면서 혈액은 피부를 경유하는 순환량이 감소하고, 많은 양의 혈액이 몸의 중심부를 순환하게 되며, 직장온도가 약간 올라가면서 소름이 돋고 몸이 떨린다. 그러나 사람이 열 또는 냉에 습관적으로 노출되면 일련의 생리적인 적응이 일어나면서 순화되며, 일반적으로 열교환은 대사열, 대류, 복사, 증발열 등에 의해 일어난다. 이때 $S=0$이면 열평형상태임을 의미한다.

| $S=M-E\pm R\pm C-W$ | $R=Q/t$ |
|---|---|
| $S$ : 열축적(열이득 및 열손실량) | $R$ : 열손실률 |
| $M$ : 대사열 | $Q$ : 증발에너지 |
| $E$ : 증발열 | $t$ : 증발시간(sec) |
| $C$ : 대류열 | 단위 : $\dfrac{0.18℃}{\text{kcal/m}^2\cdot\text{hr}}$ |
| $R$ : 복사열 | |
| $W$ : 작업열 | |

열교환에 영향을 주는 요소는 기온, 습도, 복사온도, 공기의 유동 등이 있으며, 보온효과는 clo단위로 측정한다.

열압박(heat stress)이란 열에 의한 신체가 받는 스트레스를 말하는 것으로 체감온도는 38.8℃만 되면 기진하게 된다.

실효온도가 증가할수록 육체작업의 기능은 저하되며 열압박은 정신활동에도 악영향을 끼친다.

온도의 안락한계는 18~22℃, 갱내 허용은 37℃, 체온의 안전한계와 최고 한계의 온도는 각각 38℃와 41℃ 정도로 기준을 정하며, 온도, 습도, 기류에 따라 영향을 주는 감각온도 허용한계는 정신작업은 ET 60~65°, 경작업은 ET 55~60°, 중작업은 ET 50~55° 이고, 인체는 고온으로 인하여 맥박증가, 혈압강화, 심장압박, 열경련, 열소모, 열사병 등의 건강장해를 유발시킨다. 작업장이 고온인 경우에는 환기, 냉방, 열차단 등에 의한 환경개선, 작업시간의 제한과 휴식시간의 삽입, 정원의 적정화, 휴게실의 냉방, 방열면, 방열복의 지급, 냉방복(vortextub), 냉수욕, 물과 식염, 기타의 대책을 세워야 한다. 또한 저온시 풍속이 증가하면 체감온도는 더 내려가는 현상을 보인다. 이때는 혈액순환을 위하여 가능한 한 계속적으로 팔다리를 움직여 주고, 자신의 손발보다 약간 큰 방한화를 착용하며, 따뜻한 물과 음식물을 섭취하도록 한다. 그리고 비타민C 등을 섭취하면 좋고 작업시간을 단축하여 추위에 노출되는 시간을 줄여야 한다. 특히, 호흡기 계통의 질환이 많으므로 강제 통풍식 환기를 실시하도록 한다.

불쾌지수란 인간의 불쾌감을 측정하는 정량적 값으로 섭씨인 경우는 (건구온도+습구온도)×0.7+40.6이며, 화씨인 경우는 (건구온도+습구온도)×0.4+15로 나타낸다. 이때 값이 70 이하일 때는 모든 사람이 불쾌를 느끼지 않으며, 70 이상일 때는 불쾌를 느끼기 시작하고, 80 이상은 모든 사람이 불쾌를 느낀다.

표 2. 9 작업별 최소온도

| 작 업 종 류 | 최소온도(℃) | 풍 속(m/s) | 실효온도(℃) | 상대습도(℃) |
|---|---|---|---|---|
| 좌식활동 : 정신작업<br>- 사무감시 | 20 | 0.1 | 19 | 40 ~ 70 |
| 좌식활동 : 경작업<br>- 조정작업 | 19 | 0.1 | 18 | 40 ~ 70 |
| 입식활동 : 경작업<br>- 선반밀링 | 17 | 0.2 | 15.5 | 40 ~ 70 |
| 입식활동 : 중작업<br>- 중량물 조립 | 12 | 0.4 | 14.5 | 30 ~ 70 |

## 2. 조 명

인간이 물체에 대해 식별이 용이한 경우는 조명도, 조명색이 적당하고 광원의 방향이 적절하여 눈이 부시지 않아야 하며, 볼 수 있는 시간과 작업속도가 적당해야 한다. 시식별에 영향을 주는 조건은 조도, 대비, 시간, 광속발산비, 이동, 휘광 등이 있다.

### (1) 조 도

물체의 표면에 도달하는 빛의 밀도를 말하는 것으로 1촉광의 광원으로부터 1foot 떨어진 곡면에 비치는 빛의 밀도를 foot-candle이라 하며, 단위는 Lumen/ft2로 나타내고, 1촉광의 광원에서 1m 떨어진 곡면에 비치는 빛의 밀도를 1Lumen/m2로 나타내는 Lux라는 것이 있다. 이 두 식의 관계는 10lux=1foot-candle이다.

조도의 식으로는 다음과 같이 거리가 증가할 때에 조도는 거리 역자승의 법칙에 따라 감소한다.

$$\text{조 도} = \frac{\text{광도}}{(\text{거리})^2}$$

### (2) 광속발산도

단위면적당 표면에서 발산 또는 방출하는 빛의 양을 말하며, 단위로는 Lambert(L), Millilambert(mL), foot Lambert(fL) 등이 있다. 사무실 및 산업현장의 추천 광속발산비는 보통 3 : 1 정도이다.

### (3) 반사율

다음 식으로 나타내며 옥내 최적 반사율은 천정은 80~90%, 벽은 40~60%, 가구는 25~45%, 바닥은 20~40%이며, 최대반사율은 약 95% 정도이다.

$$\text{반사율} \quad \frac{\text{광속발산도(fL)}}{\text{조도(fC)}} \times 100$$

(4) 대 비

표적의 광속발산도 ($L_t$) 와 배경 광속발산도 ($L_b$) 의 차를 나타내는 척도로서 식은 다음과 같다. 여기서 $L_b$ 는 배경의 광속발산도이고, $L_t$ 는 표적의 광속발산도이다.

$$\text{대 비} \qquad \frac{L_b - L_t}{L_b} \times 100$$

(5) 휘 광

눈부심을 말하는 것으로 성가신 느낌, 불편함, 가시도 저하, 시성능 저하 등을 초래한다. 휘광의 처리는 광원으로부터의 직사 휘광처리인 경우 광원의 빈도를 줄이고 수를 늘리거나 광원을 시선에서 멀리 위치시킨다. 가리개(shield), 갓(hood) 혹은 차양(visor)을 사용하거나 휘광원 주위를 밝게 하여 광속발산비를 줄이며, 창문으로부터 직사휘광처리는 창문을 높이 달거나 창 위에 드리우개(overhang)를 사용한다.

(6) 조명방법

소요조명량과 배치, 조명기구의 선택, 점멸방법의 결정 등으로 조명방법을 결정한다. 정기적인 조명측정, 정기적인 조명기구의 점검, 정기적인 작업환경의 측정, 작업자의 시력장애의 유무를 항시 점검해야 한다. 조도와 작업능률 · 피로율을 살펴보면 다음 그림과 같다.

표 2. 10 조명방법과 장단점

| 조 명 | 문 제 점 | 사 용 면 |
|---|---|---|
| 직 접 | 강한 그림자, 고휘도 | 진열대(show-window) 조명, 매장이나 작업장에선 고소전 반조명에만 사용함. |
| 반 직 접<br>반 간 접 | 평균적인 그림자<br>가장자리가 불예(不銳) | 사무실의 일반적 조명, 중정도의 정밀작업, 기계작업, 검사작업시 |
| 자유투광<br>전 반 | 다소 평균적 그림자<br>눈부심이 원인이 됨. | 공장 조명으로서는 부적당함. 대공간 무대, 복도 등에 사용됨. |
| 간접조명 | 그림자가 없음.<br>확산된 채광이 됨. | 부가적 조명이 별도로 마련되었을 때 작업장에 사용됨. 관찰실 등에 아주 좋음. |

## 3. 시 각

시력은 근시와 원시가 있으며 광학에서는 렌즈의 굴절을 재는 단위로 굴절률(diopter)을 사용하며, $D$는 초점거리 $m$의 역수로 나타내며, 시력에는 주의하는 상태인 즉, 긴장상태를 경계(vigilance) 상태라 하며, 검출능력은 작업시작 후 빠른 속도로 점차 저하하고 30~40분 경과 후 검출률이 50%로 저하된다.

시계는 일반적으로 정상적인 경우는 200° 이며, 색채식별 시계는 70° 정도이다. 특히, 진동의 영향을 맨 먼저 받는 것과 노화에 따라 맨 먼저 기능이 저하되는 감각기관이 시각이므로 주의를 요한다.

시각의 최소 감지범위는 10~6mL 정도이며 동공이 어두운 데서 점차로 넓어지는 현상, 즉 어둠에 적응되는 현상을 암조응(dark adaptation)이라 하는데 정상인은 보통 30~40분, 명조응(light adaptation)은 1~2분 후에야 정상적인 시계가 나타난다.

## 4. 색 각

색채관리, 공기관리, 음향관리를 작업환경관리라 하는데 위의 세 가지를 C. A. S(Color·Air·Sound conditioning)라 한다. 이 중 색채관리라 함은 색을 관리하여 작업환경에 적합토록 하는 것이다.

색이란 눈을 자극함으로써 생기는 시감각을 말하는데 전자파의 일종이다. 가시광선은 분광이 물체의 표면에 반사되어 눈에 비치는 현상을 말하는 것으로 눈에 보이는 전자파인 적, 황적, 황, 녹, 청, 자색으로 사람은 표면색만 식별할 수 있다.

색계는 유채색인 적, 녹, 청과 무채색인 흑, 회, 백색으로 구성하며 색의 3속성으로 명도, 채도, 색상이 있다. 각 색계의 특징은 명도가 높을수록 크게 보이며, 명도가 높은 것은 진출하여 보이고 명도가 낮은 것은 후퇴하여 보인다. 정확하게 물건을 보기 위해서는 노랑, 황적, 황록의 빛이 있는 광원 밑이 제일 좋으며, 파랑 광원이 제일 나쁘다. 작업면의 밝기와 주위의 밝기와의 균형은 거의 같거나 아니면 주위가 약간 낮은 편이 좋고, 주위가 작업면보다 더 밝으면 곧 능률이 떨어진다.

작업장의 배색은 차분하고 밝은 색을 선택해야 안정감을 줄 수 있고 악센트를 주면서 자극이 강한 색과 순백색은 피한다. 차가운 색, 아늑한 색의 구분에서 살펴보면, 남향 내지 서향의 실내나 열관계의 더운 작업장에는 청, 녹, 북향이나 동향 또는 냉동관계 등의 차가운 작업장에는 적, 황, 황적을 사용한다.

외부의 지붕은 주위의 환경과 조화를 이루도록 하고 벽면은 주위의 명도의 2배 이상으로 하며 창틀에는 흰빛으로 악센트를 주면서 명도나 채도를 벽보다 1~2 정도 높게 한다.

기계의 배색은 녹색과 회색을 섞어 쓰는 것이 좋으며 녹색(10G 6/2)은 신선하고 수동적인 느낌을 주며, 회색을 섞으면 한결 차분한 느낌을 준다. 그리고 청록(7.5BG 6/1.5)도 사람 피부색의 보색이므로 기계의 배색으로 좋다. 공장은 대체로 고열을 내는데 이같은 차가운 색은 심리적으로 시원하게 느껴져 효과적이다.

## 5. 자극 반응시간

자극 반응시간은 시각 0.21초, 청각 0.17초, 촉각 0.18초, 통각 0.71초, 미각 0.29초 정도이며, 각 기관의 자극수용 범위는 다음과 같다.

반응시간은 단순반응시간인 경우 0.2초 정도이며 특정감관, 자극의 특성, 연령, 개인차 등에 따라 차이가 나타난다.

표 2. 11 감각기관의 자극 수용범위

| | 최소 감지강도 | 최대 감지강도 |
|---|---|---|
| 시 각 | $10^{-6}$ mL | $10^{4}$ mL |
| 청 각 | 압력 $2\times10^{-4}$ dyne/cm$^2$<br>주파수 20 Hz | $10^{3}$ dyne/cm$^2$ |
| 촉 각 | 지선 0.0~1.1 ery<br>압력 3 mg/mm$^2$ | 불 명 |
| 진 동 | 지선 $25\times10^{-5}$ mm | $25\times10^{-5}\times30$ |

선택반응시간은 정보량(bit)에 선형적으로 10bit까지는 비례가 성립한다. 반응시간은 예상하고 있지 않을 경우에 0.1초 정도 증가하며, 총반응시간은 0.5초 정도이다.

## 6. 소 음

소음이란 흔히 원하지 않는 소리를 칭하는 것으로 정보이론의 관점에서 본 소음의 개념은 주어진 작업의 존재나 완수와 정보적인 관련이 없는 청각적 자극이라 할 수 있으며 청력의 측정, 단순청력검사, 청력계검사가 있다. 음압수준은 dB로써 나타낸다.

음압수준(SPL)은 dB수준으로

$$SPL = 20\log_{10}\left(\frac{P_1}{P_0}\right)$$

$P_1$ : 측정하려는 음압

$P_0$ : 기준음압(2×10−5 N/m2 : 1000Hz에서의 최소가청치)

음의 강도수준(sound intensity level)은 dB수준으로

$$SIL = 10\log\left(\frac{I_1}{I_0}\right)$$

$I_1$ : 측정음의 강도

$I_0$ : 기준음의 강도(10−12 watt/m2 : 최소가청치)

$$\text{면적당 출력} = \frac{\text{출력}}{4\pi\,(\text{거리})^2}$$

$d_1$ 에서 $I_1$ 의 단위면적당 출력을 갖는 음의 거리 $d_2$ 에서는

$$I_2 = I_1\left(\frac{d_1}{d_2}\right)^2$$

점음원으로부터 $d_1$, $d_2$ 떨어진 지점의 dB수준간에는 아래와 같다.

$$P_2 = P_1\left(\frac{d_1}{d_2}\right)$$

$$\therefore\ dB_2 = dB_1 - 20\log\left(\frac{d_2}{d_1}\right)$$

차음효과(masking)란 한 쪽 음의 강도가 약할 때는 강한 음에 가로막혀 숨겨져 들리지 않게 되는 현상을 말하는 것이며, 두 대의 기계소음을 예를 들어 보면 다음과 같다.

(1) 두 dB수준이 같거나 1dB의 차이가 나면 이들은 최고 dB보다 3dB의 증가를 나타낸다.

90+90=93　　　90+91=94

(2) 두 dB의 수준이 2~3dB의 차이가 나면 이들은 최고 dB보다 2dB 증가를 나타낸다.

90+92=94　　　90+93=95

(3) 두 dB의 수준이 4~9dB의 차이가 나면 이들은 최고 dB보다 1dB의 증가를 나타낸다.

90+94=95　　　90+99=100

(4) 두 dB의 수준이 10 또는 그 이상 차이가 나면 최고 dB이 최대가 된다.

90+100=100　　　90+120=120

(5) 여러 대의 기계소음을 측정해 보면 아래와 같다.

가청한계는 $2 \times 10^{-4}$dyne/cm$^2$(0dB)~$10^3$dyne/cm$^2$(134dB)이고, 가청주파수는 20~20,000Hz이지만 실내소음 안전한계는 40dB, 심리적 불쾌감은 40dB 이상, 생리적 영향은 60dB 이상, 유해주파수 4,000Hz로 설정한다.

허용한계는 난청한계까지 5dB마다 50% 감소하게 되는데 예를 들면, 90dB → 8시간, 110dB → 30분, 95dB → 4시간, 115dB → 15분, 100dB → 2시간, 120dB → 5~8분, 105dB → 1시간, 120dB 이상인 경우는 격벽을 설치해야 한다.

작업중 소음이 가장 심한 곳은 압축공정, 콤프레서 공정으로 소음방지대책으로는 소음원 통제, 소음원 격리, 차음장치, 흡음재 사용, 음향처리재 사용, 적절한 기구와 가구의 배치, 방음보호구 사용 등이 있다. 이때 방음보호구는 효능 소음의 성질에 맞고 소음의 노출시간에 맞아야 한다. 귀마개는 5dB, 귀덮개는 10dB 내외, 겸용시는 10~20dB 내외의 감음효과를 가져 온다.

소음의 허용한계는 90dB로 1일 8시간 정도이며 안락한계는 45~65dB, 불쾌한계는 65~120dB이다. 소음에 의한 위험 증상으로는 첫 증상으로 자음의 분별이 곤란하고, 다음으로 부분적 청각 상실을 가져오며, 최종 단계로는 귀머거리가 된다. 소음은 작업자의 청력 기능을 저하시키고, 난청을 초래하여 작업시 통화를 방해하고 피로의 원인이 된다.

작업방해는 일반적인 결과로 보면 특정음이 없는 일정 소음이 90dB를 초과하지 않을 경우 작업방해가 없지만 불규칙한 폭발음은 일정 소음보다 더욱 유해하며 1,000~2,000Hz 이상의 고주파 소음은 저주파 소음보다 작업방해가 크다. 소음에 대한 총 작업능률의 변화는 없으나, 큰 소음 수준은 작업능률의 가변성을 증가시켜 총작업량의 저하보다는 작업의 정밀도를 감소시키기 쉽다.

## 7. 진 동

어떤 양의 크기가 일정한 시간에 어떤 기준 부근에서 증감을 반복하는 현상으로 사인(sine)파나 코사인(cosine)파로 전달되며 전폭과 주기가 있으며 주로 교통차량, 선박, 항공기, 기중기, 분쇄기 등에서 발생하며 2~100Hz에서 장해를 유발하는 전신 진동과 발타기, 착암기, 연마기, 자동식 톱 등에서 발생하며 8~1,500Hz에서 장해를 유발하는 국소 진동으로 구별하는데 진동장해는 다음 도표와 같다.

표 2. 12 진동장해

| 전 신 진 동 | 국 소 진 동 |
|---|---|
| • 자율신경, 특히 순환기계 이상<br>• 말초혈관의 수축으로 혈압 상승<br>• 맥박증가<br>• 발한과 피부 전기저항 저하<br>• 요 중 17-keto steroid 감소<br>• 월경장애, 성기 위치 이상<br>• 위장장애<br>• 내장 하수 증상과 척추 이상<br>• 요천부 동통(sacroiliac strain) | • Raynaud씨 현상(저온상태에서 손부위에 잘 생김) - 말초순환 장해<br>• 감각마비 및 창백 증상<br>• 혈관신경 장해<br>• 중추신경계나 내분비계의 이상 초래 (감각마비, 창백)<br>• 완골의 탈석회화 촉진<br>• 관절 연골의 괴저, 골편 분리<br>• 근위축 |

표 2. 13 진동영향

| 진 도 계 | 진동레벨 (dB) | 생 리 적 영 향 | 진동상태, 느낌 |
|---|---|---|---|
| 중진 (VI) | 90 | | 가구와 건물이 넘어짐. |
| | 85 | 인체에 확실한 생리적 영향이 일어남. | |
| 약진 (III) | 80 | 심도 1, 2에서 전부 잠 못잠. | 책상, 난로 등이 움직임. |
| | 75 | 산업장에서의 쾌감감소경계(8시간 노출) | 흔들림을 느낌. |
| 경진 (II) | 70 | 심도 1일 때 전부 잠 못잠. | |
| | 65 | 심도 1일 때 반 이상 잠 못잠. | |
| 미진 (I) | 60 | 수면에 별 영향이 없음. | 약간 느낌을 받음. |
| | 55 | 진동을 느낌. | |
| 무감 (0) | 50 | | |

진동의 대책으로는 국소진동은 진동공구에서의 진동발생을 감소시키고 진동공구의 무게를 10kg 이상 초과하지 않게 해서 손에 느껴지는 진동을 감소시키며, 진동의 감폭을 위하여 장갑을 사용해야 하며 전신진동대책은 근로자와 발진원 사이의 진동대책으로, 구조물의 진동을 최소화, 발진원의 격리, 전파 경로에 대한 수용자의 위치, 수용자의 격리, 측면 전파방지 등을 들 수 있다.

## 8. 유해광선

유해광선은 전리방사선과 비전리방사선으로 구별하며, 전리방사선은 α, β, γ, 중성자 등을 말하고, 비전리방사선은 자외선, 적외선 등을 말한다.

전리방사선 중 α선은 투과력은 약하나 흡수가 되기 쉽고 광범위하게 전리작용을 하기 때문에 에너지 소멸을 잘 느끼며, 인광작용이 가장 세고, 사진감광작용을 한다.

α선이 묻은 분진은 체내에 유해하며 피부 각질층에서 전부 흡수된다. β선은 β선을 흡수한 물질에 의해 체내 투과의 위험성이 있고 전리작용은 거의 없지만 α선보다 가벼워 물질에 부딪히면 방향은 바뀌나 먼거리까지 나간다. γ선은 인체에 강력한 투과력을 가진 일종의 전자파로서 사진 감광작용, 인광작용이 가장 약하다.

표 2.14 유해광선

| 종류 | 형 태 | 선 원 | 투 과 력 | 상대적 생물학적 효과비율(RBE) | 피해부위 |
|---|---|---|---|---|---|
| α선 | 고속도의 He핵(입자) | 방사선 원자핵 | 매우 쉽게 흡수 | 10 | 내부폭로 |
| β선 | 고속도의 전자(입자) | 방사선 원자핵 | 쉽게 흡수 | 1 | 내부폭로 |
| γ선 | 전자파 (광자선) | 방사선 원자핵 | 비교적 투과력이 있음 | 1 | 외부폭로 |
| X선 | 전자파 (광자선) | X선관 | 비교적 투과력이 있음 | 1 | 외부폭로 |
| 중성자 | 중성 입자 (입자) | 핵분열 및 핵변환 반응 | 일반적으로 투과력이 매우 강함 | 10 | 외부폭로 |

유해광선의 생체피해는 초기에는 급성방사선증(ARS), 백혈구 감소, 빈혈, 피부염, 갑상선, 소화기, 폐기능 장해 등을 가져 오며 만성장해로는 갑상선암, 조혈기관의 암, 백혈병, 재생 불량성 빈혈, 피부암, 담낭암, 백내장 등을 가져와 전신성 노화촉진 장해인 수면단축, 조로장해를 가져 온다. 후세에는 임신, 태아 이상인 불임증, 이상임신, 이상분만, 기형아나 유전장해인 생식세포의 유전자 돌연변이, 염색체 이상에 의한 기형, 대사이상 등을 유발할 수 있다.

비전리방사선인 자외선은 파장이 400~100mμ 정도로 태양, 수은등, 탄소 아크(arc) 등 수소방전광, 전기용접, 용단 용광로작업에서 발생하며, 홍반작용을 일으키는 320~290mμ에서 피부병을 유발하고 전기성 안염으로 320mμ 이하 파장에서 눈에 이상을 가져온다. 이들의 대책으로 폭로량을 낮추거나 보호안경, 피부보호크림 등을 사용한다.

적외선은 파장범위가 750~10,000mμ인데 노작업, 유리 제조업, 주물업의 작업장에서 적외선건조, 고열물에서 발생하여 화상, 열선백내장을 가져오며 차열장치 사용은 방열면, 보안경, 방열복이 있다. 열원으로부터 떨어져 작업하여 방지토록 한다.

레이저광선(laser beam)도 비전리광선으로 통신, 재료가공, 직접회로, 다이아몬드 절단, 우주선 추적 등에서 발생하며 각막염, 백내장, 망막염 등의 눈 부작용과 열응고, 탄화, 괴사, 발진 등의 피부병을 유발한다. 가시광선은 파장범위가 400~700mμ인데 직접 피해보다 조명 부족시 안정피로, 두통, 피로감, 안구진탕증을 일으킨다.

## 9. 분 진

분진(dust)이란 지상의 물체가 외력에 의해 부서져서 생긴 미립자로 1μ 이하의 미세 입자로부터 육안으로 볼 수 있는 100μ 정도에 이르는 입자를 말한다. 분진은 크기에 따라서 침착률이 달라지며 보통 1μm 정도의 것이 침착률이 가장 높고, 0.5~5μm 정도의 크기(mist)가

침착하며, 분진의 크기, 성분, 농도에 의해 유해성을 좌우한다.

분진의 흡기량은 작업강도에 비례하며 1분당 흡기량은 7.9+(3.2× $R$)로 나타낸다. 여기서 $R$은 에너지대사율이다.

동물성 · 식물성 분진 등을 흡입하면 체질에 따라서 천식을 일으키며, 납, 카드뮴, 망간, 황, 인, 기타 금속성 분진을 흡입하면 체내의 각 조직기관에 작용하여 전신중독현상을 일으킨다. 특히 타르, β-나프틸아민, 벤젠, 비소 등을 흡입하거나 피부에 부착되면 암을 일으킨다.

진폐증이란 분진흡입에 의해서 생긴 폐의 질병상태를 말하며, 광물성 분진, 유기성 분진 등을 흡입하여 폐의 섬유 증식화, 결절화를 일으키는 것을 말하고 종류로는 규폐증, 석면폐증, 면폐증, 농부폐증 등이 있으며, 석면폐증은 폐암 발생률이 가장 높다.

분진단위 및 허용기준은 $SiO_2$ 30% 이상의 1종 분진은 2mg/m$^3$, $SiO_2$ 30% 미만인 2종 분진은 5mg/m$^3$, 기타 3종 분진은 10mg/m$^3$, 먼지는 1mg/m$^3$이며 해로운 먼지의 크기는 0.5~5μ이다.

유해물질의 허용농도(Threshold Limit Values)를 나타내는 척도는 혼합물질의 허용농도인 $\frac{C_1}{T_1}+\frac{C_2}{T_2}+\cdots+\frac{C_n}{T_n}$ 의 합이 1을 넘으면 혼합물질은 T.L.V를 초과한다고 보아야 한다. 여기서 $C_n$은 측정한 유해물의 농도이고, $T_n$은 물질의 허용농도이다.

분진의 해에 대해 표로 나타내면 다음과 같다.

표 2. 15 분진의 작용

| 종 류 | 요인이 되는 분진 | 업 종 | 해 작 용 |
|---|---|---|---|
| 진폐, 규폐, 석면폐, 용접공폐 | 규산진, 석영, 활석, 탄분, 석면 | 탄광, 채석업, 요업, 연마업, 야금업, 주물업 | 폐섬유증식<br>결절현상 |
| 연초폐, 곡분폐, 면폐 | 연초의 진곡분, 면분, 석회석, 시멘트 | 섬유제조공장, 연초창, 방적, 면 저장실 | 만성기관지염<br>폐기종 |
| 전신중독 | 납, 비소, 석회질소, 망간, 수은, 카드뮴, 황 | 납 작업물, 비료공물, 합금공물, 정미소 | 중추신경, 신장, 혈장장해의 초래 |
| 피부점막 장해 | 생석회, 카바이드, 석회질소, 산, 알칼리, 크롬산 | 석회공물, 비료공물, 화학공장, 전기공장 등 | 눈, 호흡기, 소화기, 피부, 치아부식 |

## 10. 석 면

흡입된 분진은 폐내에 축적되며 조작반응을 일으키는데 이러한 폐질환을 "진폐증(pneumoconiosis)"이라고 한다. 이 질환은 아직까지도 근로자를 무능력하게 만드는 가장 일반적인 직업성 질환으로서 분진에 지속적으로 폭로되면 폐는 영향받는 부위가 증가되어 호흡능력이 저하된다. 이러한 부위의 기낭의 구조는 섬유화되어 영구적인 상흔을 남기게 되고 분진에 오랜 기간 노출되면 호흡불능과 작업불능을 초래한다.

일단 섬유화가 되면 폐의 호흡공간은 영구적으로 파괴되며 이러한 변화는 치유될 수가 없다. 폐에 여러 가지 영향을 주는 진폐증에는 석영분진에 의한 규폐증(silicosis), 석면분진에 의한 석면폐증(asbestosis)이 있다. 따라서 근로자를 고농도의 분진으로부터 보호하는 것이 중요하며 유해한 분진은 비포장도로나 청소하지 않은 공장의 바닥에서도 발생될 수 있다.

석영(quartz)은 특정 형태의 암석 가공과정에서 발생되고 규폐증은 장기간 동안 석영에 폭로된 결과로 발생한다 이 질환의 특성은 호흡곤란을 일으키면서 폐조직을 서서히 파괴시키는 것이다. 또한 규폐증은 결핵의 발병과 확산을 조장한다.

석면은 여러 가지 자재로 사용되는 섬유상의 규산염으로 열이나 화재로부터 보호하는 절연재, 건축재료, 자동차 등에 쓰이며 석면분진은 실모양의 섬유로 구성되어 폐에 침투되면 폐조직을 파괴하게 된다. 석면분진은 석면폐증(asbestosis)을 일으키게 되고 이는 규폐증과 동일한 방법으로 진행된다. 최초의 증상이 나타나게 되기까지는 수십년이 걸리며 일단 증상이 나타나면 심한 호흡곤란이 나타날 수 있다. 많은 경우 석면폐증은 폐나 기낭의 암을 동반한다.

미국에서 수행된 조사에 의하여, 석면에 폭로되면 암에 걸릴 가능성이 크다는 것이 명백하게 밝혀졌으며 흡연을 하게 되면 위험성은 더욱 증가한다. 석면은 그 유해성에도 불구하고 세계의 여러 나라에서 사용되고 있다. 그러나 암에 대한 유해성을 고려하여 몇몇 공업국에서는 사용을 제한해 오고 있다. 석면의 사용을 제한하고 금지시키는 것에 관하여 여러 나라에서 토의가 진행되고 있다. 폐암, 위암, 장암, 후두암 및 중피종(mesothelioma)의 위험 때문에 석면사용은 전세계적으로 금지되어야만 한다.

(1) 석면이 발견되는 장소

석면은 방화용, 방음용 및 열절연체, 시멘트 및 플라스틱 주입물 등의 용도로 건물이나 선박에 흔히 사용된다. 기타의 용도로는 자동차, 기계 및 호이스트 등의 브레이크 및 마찰판 등에 사용되고 있다.

채광, 가공, 분쇄 및 기타 공정도 석면을 부유 분진상태로 비산시키게 하는데 석면부유 분진은 바늘모양 또는 실모양의 석면입자를 포함한다. 건강에 직접 해가 되는 것은 독립적으로 떠돌아다니는 이러한 유리섬유이다.

(2) 석면이 존재하는 곳

사무실 및 작업장을 포함한 산업체의 건물 중 다음과 같은 곳이 석면을 함유하고 있다.

1. 방음벽 및 열교환기, 흡입환기 시설(지붕 위)
2. 석면 시멘트판
3. 방화벽 및 방화문
4. 노(furnaces), 배관 및 가스켓(천장)을 포함한 난방 및 위생 시설
5. 철골구조의 방화용 구조물
6. 전기접속 상자내의 방전용 구조물(spark shield)
7. 타일 부착제
8. 페인트 및 접착제
9. 플라스틱 양탄자의 이면제(backing)

표 2. 16 석면 인체영향 및 대책

| 종 류 | 물리적 성질 | 작 업 장 | 증 상 | 허용기준 | 대 책 |
|---|---|---|---|---|---|
| 1. 진폐증 (Pneu-moconiosis) | 분진의 농도, 입도분포, 물리화학적 성질, 양, 시간 공간적 변동을 반드시 측정하고 특히 0.5~5$\mu$인 흡인성 분진 (respirable dust)의 포집효율에 따라 평가가 달라진다. 비활성 고체입자로 된 에어졸 (smoke, hage, fume 등)도 포함. | 광산, 채석장, 도자기 제조, 주물작업, 보일러 작업, 제지 · 제강업, 토목건설업, 금속제련 | 탄폐, 칼슘, 철주석, 알루미늄처럼 비활성인 것과 규산, 활석, 형석, 규조토 등은 섬유화와 폐기종 증상을 나타낸다. ①단순성 : 망상, 교질성 섬유증식으로 국한성 폐기종 (local pulmonary emphysema)이 생긴다. ②복잡성 : 1cm 직경의 대결절성 섬유 증식을 보이며 수포성 폐기종(bullous emphysema)이 생긴다. ③ 폐상엽 부위에 다발하고 0.3~1.5mm (3mm 때 X선 발견)의 섬유화 결절이 생긴다. | 제 1 종 분진 (유리 규산 30% 이상) : 2mg/m3 제 2 종 분진 (유리 규산 30% 미만) : 5mg/m3 (일반적인 기준) | 1.작업 공정에서 발생 억제 및 감소화 노력 2.비산 방지 3.환기 4.보호 구로 흡입 방지 |
| 2. 규폐증 (Silico-sis) | 규소와 산소는 토양에 풍부하여 규산(silica)과 규산염(silicates)으로 존재한다. 규산은 규소이온이 산소원자이온으로 둘러싸인 구조로 폐실질에서 섬유화 작용을 한다. | 석수공, 내화벽돌 제조, 도자기 제조, 용광로 내벽 수리작업, 굴진, 채탄작업, 금속광택작업, 건축(콘크리트) | 폐결핵을 합병증으로 하여 폐하엽 부위에 많이 생긴다. 분진육아종이라 불리는 결절형과 섬유증식(fibrosis)형인 미만성이 있다. | 제 1 종 분진 (유리 규산 30% 이상) : 2mg/m3 제 2 종 (유리규산 30% 미만) : 5mg/m3이다. | |

표 2. 16 석면 인체영향 및 대책

| 종 류 | 물리적 성질 | 작 업 장 | 증 상 | 허용기준 | 대 책 |
|---|---|---|---|---|---|
| | 석영(quartz), 인규석(tri-dymite), Cristobalite가 대표적인 결정형이다. | | | | |
| 3. 석면폐증 (As-besto-sis) | 일반분진과는 측정법이 다르다. Impinger법으로는 불가능하고 Membrane filter 법을 이용, 현미경으로 수를 센다. Crocidolite를 제외하고 모두(5가지) 마그네슘과의 복합섬유성 규산염으로 되어 있다. | 광산, 채석장, 석면 제조, 운반작업, 열차단과 방화 목적으로 가동된 사업장 | 폐암 발생률을 높이는 유일한 진폐증이다. 특히 폐하엽 부위에 다발한다. 또 석면체(asbestos body)가 생겨 낭성을 변화시켜 늑막과 복막에 중피종(mesothelioma)을 일으킨다. | 제 3 종 분진 : 작업환경 중에 부유하는 5$\mu$m 이하의 입자에 대한 농도로 2개/cm3 | |
| 4. 면폐증 (Byssi-nosis) | 솜과 같은 미립자를 흡입하여 생기는 폐질환으로 유기성 분진피해의 대표격이라 할 수 있다. 즉, 직접적인 생화학적 작용에 의한 발병기전을 갖고 있다. | 면 저장실 (원면, 고면), 혼면실, 소면실, 방적, 섬유제조공장, 아마 취급장 | 알레르기성 만성기관지염 폐기종 월요일(monday fever) 주 : X-선상에 음영이 없으면 일반적으로 회복 가능 | 제 3 종 분진 : 5$\mu$m 이하의 입자에 대한 농도로 허용농도는 1mg/m3 | 1.작업공정에서 작업억제<br>2.비산방지<br>3.환기<br>4.보호구 착용 |
| 5. 농부폐증 (Farmer's Lung) | 유기성 분진이므로 체내 반응보다는 직접적인 알레르기반응을 일으키는데 | 곰팡이가 핀 마른 풀, 식물성 분진을 흡입하기 쉬운 1월, 3월에 환기가 되지 | 초기증상은 천식, 발작이 온다. 불규칙한 음영 또는 봉소폐(봉완폐, 낭폐 ; honey | 제 3 종 기타 분진 : 5$\mu$m 이하의 입자에 대한 농도를 10mg/ m3 | |

표 2. 16 석면 인체영향 및 대책

| 종 류 | 물리적 성질 | 작 업 장 | 증 상 | 허용기준 | 대 책 |
|---|---|---|---|---|---|
| | 특히 호열성 방선균류(thermophile actinomycetes)의 과민 증상이 많다. | 않은 저장소, 창고, 사일로 등에서 다발. | comb lung), 섬유증식과 폐성심까지 진행된다. | | |
| 1.~3. : 무기성 분진<br>4.~5. : 유기성 분진 | 0.5~5 μm의 크기분진을 10~75% 포집할 수 있도록 규정하고 있다. | | 진폐증을 많이 일으키는 30여 종류의 분진이 공통적으로 0.5~5 μm(특히 1 μm 전후) 크기가 폐포에 침착하여 피해가 크다. | 계수식과 중량식을 병용하고 있으며 흡입성 분진과 총분진을 구분하지 않음을 알 수 있다. | |

## 11. 요 통

### (1) 척 주(vertebral column)

척추동물의 머리덮개뼈(cranial bones) 밑의 뒤쪽으로부터 꼬리쪽으로 이어지는 골격으로 척추골로 이루어진 등심대를 척주라 한다. 사람의 척주는 33~34개의 척추골로 구성되어 있는데, 성인에서는 천추골 · 미추골이 유합된 관계로 26개의 뼈로 이루어져 있다. 척주는 척수(spinal cord)와 체간의 근육계와 합하여 제 1 차 운동기의 중추골격을 이루며, 또 견갑대와 골반대를 개재하여 팔과 다리의 제 2 차 운동기의 기초가 된다. 즉 머리뼈와 팔다리의 지지 및 고정 가동성과 체위, 자세의 바탕이 된다.

척주는 위쪽 중추부에서 머리덮개뼈와 연결되어 이것을 지지 · 고정하고 가동성을 갖게 한다. 흉곽에서는 견갑골(scapula) · 쇄골(clavicle)과 관절을 이루어 팔과 연결된다. 천추골에서는 장골과 고관절(articulatio coaxae)을 통해서 다리와 연결된다. 이와 같이 척추는 사지운동의 해부학적(anatomical) · 역학적 출발점이다. 척주 자체는 중력에 대항하여 체간을 똑바로 서게 지탱한다.

척추동물의 척주를 형성하는 뼈로서 추골 · 등골이라고도 한다. 척추골은 위로부터 7개의 경추골(cervical vertebra ; 경부 척추골), 12개의 흉추골(thoracic vertebra), 5개의 요추골(lumbar vertebra), 5개의 천추골(sacral vertebra), 3~5개의 미추골(coccygeal vertebra)이 있다.

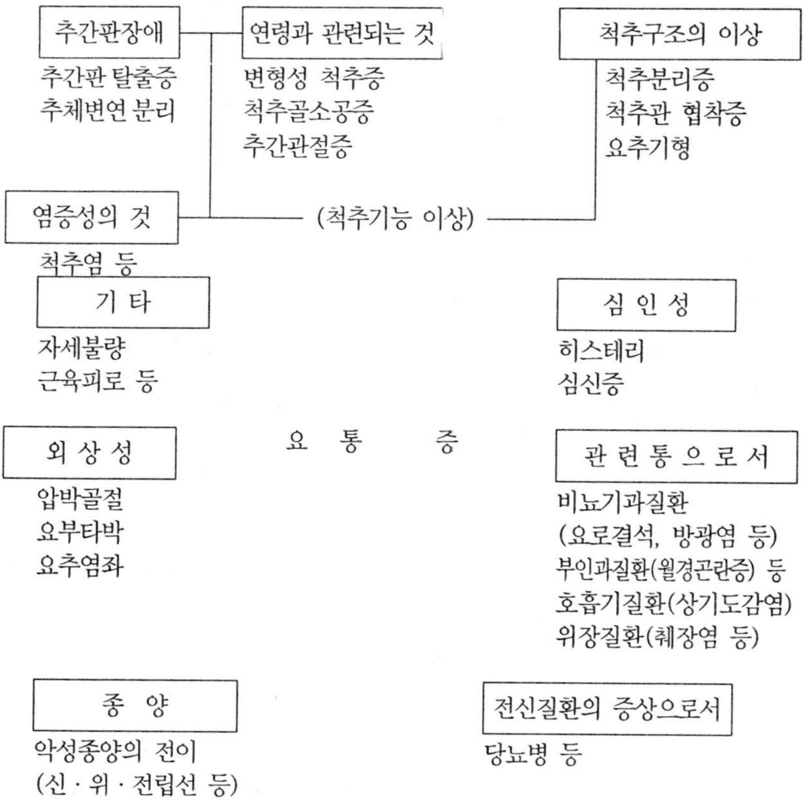


그림 2.5 요통과 질환의 원인적 분류

### (2) 중량물 취급과 요통

중량물을 운반할 때의 신체적 부담을 평가하는 것은 매우 어려운 문제로 운반작업의 생리적인 소모도(physiological coast)에 영향을 미치는 외적 요소와 생물학적 특성을 고려하여야 한다.

생물학적 요소로서는 체중, 신장, 근육의 발달 정도, 일반적 건강 상태, 연령, 성별, 훈련 정도를 들 수 있고, 외적 요소로서는 기온의 고저, 습도 등의 기후조건 여러 가지 물리적·화학적 환경조건, 중량물의 형태와 중량, 작업량, 작업속도, 교대시간의 장단, 최대 작업의 빈도가 관여한다.

운반작업을 하면 산소요구량이 증가하므로 호흡작용, 맥박수, 심장박출량이 증가하며 근육활동으로 생산되는 노폐물, 주로 탄산가스가 체외로 배출된다. 그러나 이 대사물의 배출이 잘 되지 않는 경우에도 중간산물이 축적되어 피로를 느끼게 되는 것이다.

중량물 운반에 관여하는 것은 골근육이므로 한 사람이 할 수 있는 작업량은 그 사람의 체중에 관계된다고 할 수 있으며, 따라서 근로자의 체중과 운반물체의 중량 사이에는 어느 정도 관계가 있다.

또한 극도의 근육피로로 신경이 자극되면 통증을 일으키며 이것이 요통의 주요 원인이다. 그런가 하면 생산성 향상을 위한 기계화와 자동화 등으로 인한 고정된 자세로서의 작업도, 오늘날 모든 사업에서 요통을 발생시키고 있다.

현대인의 생활은 직장에 있어 정적이며, 가정생활에 있어서도 거의 몸을 움직이는 일들을 하지 않는다. 이러한 상태에서는 더욱 요통증이 일어나기 쉽다. 요통증의 최근 특징은 중량물을 들었을 때 허리에 부담이 되어 생기는 종래의 개념을 넘어 이와 관계가 없다고 생각되는 트럭, 택시운전사나 사무원, 단순 작업종사자 등 모든 작업에서 연령을 초월하여 일어나고 있으나 역시 전형적인 것은 대부분 중량물을 취급하는 현장에서 발생되고 있다.

중량물 운반에 있어서 20kg의 무게를 마룻바닥에서 들어올릴 때 허리에 걸리는 중량은 물체중량의 3배가 되는 60kg이다.

요통은 그 범주가 넓고 다양해서, 명확하게 설명될 수 있는 요통과 좌골신경통 등도 있으나 소위 요통증이란 진단밖에 내릴 수 없는 경우도 허다하다.

이는 요부의 뼈, 관절, 근, 근막, 인대 등의 이상에 의해 발생되는 동통으로서 이러한 요통 호소자가 근래에 와서 정형외과 외래환자의 20~30%를 차지하고 있고 그 발생연령도 20대의 젊은 사람으로부터 고령자까지 넓은 범위에 걸쳐 확산되어 있다.

중량물을 운반하고 들어올리거나 내림으로써 발생되는 여러 가지 원치 않는 급성 또는 만성장해 가운데 대부분을 차지하는 것이 척추구간 및 사지의 근육과 관절의 손상 등이다. 중량물 운반으로 복강내압이 상승하여 복부탈장, 복부내장의 하수, 자궁탈이 일어날 수도 있다. 혈압이 별안간 상승하면, 동맥경화증의 증상을 갖고 있는 노인에게서는 뇌출혈을 일으키는 수도 있다.

과중한 물체를 늘 운반할 때에는 여러 가지 만성질환을 초래할 가능성이 높은데, 골격의 왜곡, 특히 척추의 변형, 관절변화 등이 그 예이다.

중격한 육체노동은 40~50세 된 사람에게서 이미 진행중에 있는 운동기 계통조직의 퇴행성 변성의 병인에 영향을 미친다. 요통과 그 밖의 척추증상은 중격한 육체노동자에게서 흔히 볼 수 있고, 중량물 운반은 이들 증상에 영향을 미치며 특히 한 쪽 손으로 운반할 때에는 척추의 측굴, 전굴 등의 변형을 일으키고, 압력이 직접 가해져서 근통, 관절낭염을 일으키기도 하며, 신경을 압박하여 신경염을 일으키기도 한다. 부녀자의 체질은 남자만큼 강건하지 못하여, 피로를 느끼지 않고 근육노동을 할 수 있는 능력이 낮아 중량물을 운반할 때 복강내압이 상승하고, 하복부장기와 하지의 혈액순환에 장해가 일어나 정맥류를 일으키기도 하며 월경과다, 조산, 사산, 자궁탈이 생기기 쉽다. 이러한 장해는 어려서부터 중량물 운반에 종사하는 사람에게 더욱 많으며 골반협, 편평골반이 생긴 예도 있다.

사춘기에 중량물을 운반하는 등 과격한 육체노동을 하면 신체 특히 골격발육에 나쁜 영향을 주게 되는데 척추, 골반, 흉곽의 변형을 초래하며 그뿐 아니라 여러 가지 기관이 균등한 속도로 발육하지 못하게 된다. 근육과 심장과 순환계의 발육 속도가 달라지며, 이들 각 계통에 대한 스트레스로 영구적인 후유증이 남는 수도 있다.

### (3) 직업성 질환으로서의 요통

작업중의 요통발생은 주로 외부의 급격한 충격이 요부에 가해짐으로써 급성적으로 요통이 발생되는 재해성 요통과 부적합한 작업자세 등 장기적으로 척추에 무리를 가함으로써 요통증상이 발생되는 만성적인 비재해성 요통으로 구분될 수 있으며, 이를 업무상 질환 문제로써 인정하기 위하여는 다음과 같은 조건이 충족되어야 할 것이다.

a) 재해성 요통 – 업무상 재해에 기인하여 요통이 발생하였을 때에 이것을 인정하는 데에는 원칙적으로 다음의 각 요건이 인정되어야 한다.

1. 부상 또는 돌발적인 동작이 질병의 원인으로서 명확하여야 한다.
2. 질환의 발생부위에 작용한 힘이 발명의 원인으로서 의학적인 납득이 인정되어야 한다.

예를 들어 중량물을 취급할 때 취급물이 생각했던 것보다 무겁다거나 혹은 가볍다든지 할 때는 척추를 지지하기 위한 근력이 달라짐으로써 척추에 불균형을 초래하여 발생된 요통은 해당작업 내용과 상당한 인과관계가 인정되어 업무상 질환으로 인정되나 통상의 작업동작중 명확한 재해성의 원인이 없이 발생되는 우발적인 요통은 업무상 질환으로 보기에는 곤란하다.

요통을 동반한 질병이 있었으나 요통이 호전되거나 소실된 상태에서 작업중 부상에 의해 증상이 급격하게 악화된 것이 확인되면, 그 요통증상은 보상대상이 되나 이때의 보상범위는 원칙적으로 부상에 기인하는 요통에 한하는 것이며 기왕의 질병은 포함되지 아니한다.

그러나 부상이 기인하여 악화된 요통이 지속되어 작업을 할 수 없게 되면 기왕의 질병도 치료가 필요하며 그 질병의 치료도 보상대상이 된다.

중량물을 취급하는 업무 등 요부에 과도의 부담이 가해지는 업무에 종사하는 근로자에게 요통이 발생하여 그것이 해당 업무에 기인하였다는 것이 확실할 때에는 업무상 질환으로 인정하여야 할 것이나 원칙적으로 다음의 요건이 필요하다.

즉, 작업의 내용, 해당 근로자의 신체조건 및 작업종사 기간 등을 고려하여 해당 질병의 발생과 업무와의 인과관계가 의학적으로 명확하게 되어야 한다.

그러나 변형성 척추증에 대하여서는 연령과의 관련을 고려하여 신중하게 처리하여야 하고 척추분리증, 요추 전방전위증 등에 대해서는 일반적으로 업무와는 관련성이 없는 것으로 보고되고 있다.

b) 비재해성 요통 – 중량물 취급업무 혹은 장기간의 육체적 업무 등으로 요통의 발생이 의학적으로 업무와 인간관계가 있는 것으로 인정되었을 때는 업무 기인성이 있는 질환으로 취급되나 그 구체적인 인정에 대하여는 연령이라든지, 신체·생리적인 특성 등이 고려되어야 하기 때문에 업무기인성 여부의 판단은 전문가의 의견을 청취하는 등 신중하게 취급되어야 한다.

재해성의 원인이 아닌 요통은 일반적으로 다음의 두 가지 유형으로 발생원인을 구별할 수 있을 것이다.

1. 비교적 단기간에 중량물 취급 등 요부에 과도한 부담이 가해지는 업무에 종사하는 근로자에게 요통이 발생하였을 때이다. 예를 들면 약 20kg 이상의 중량물을 부자연스러운 자세로 취급하였다든지, 매일 수시간 계속하여 부자연스러운 자세로 작업하여 요통이 발생하는 경우이다.
2. 요부에 과도한 부담이 있는 업무를 장기간에 걸쳐 종사함으로써 만성적인 요통을 호소하는 경우이다.

그러나 외상 등 재해성이 배제된 요통의 인정은 기술적으로 상당한 어려움이 있기 때문에 내용을 신중하게 검토하여야 한다.

특히 작업내용 즉 취급 중량물의 크기, 무게, 작업자세, 작업시간 및 취급횟수 등과 해당 근로자의 신체적 조건 즉 성별, 연령, 체격, 체중 및 신체적 특성 등 또한 근로기간 등을 고려하여 해당증상 발생이 의학상식상 업무에 기인하는 것으로 납득되면 의학상 요양을 해야 할 필요가 있는 것이다.

이들 요통을 호소하는 근로자들은 요추의 변형성 척추증, 골소공증 등이 X-Ray 촬영 등에 의해 나타나는 경우가 있는데 변형성 척추 등은 퇴행성 변화이고 또한 골소공증은 대사 장해에 의한 것으로 업무상 질환의 인정에 있어서는 그 요추의 변화와 연령과의 관련을 특히 고려하지 않으면 안 된다.

### (4) 요통을 일으키는 척추질환

척추기능 이상으로 인한 질환뿐만 아니라 외상성 및 내장인성 질환으로도 요통이 유발되며 또한 심인성으로도 요통증을 호소하는 등 요통증의 원인은 매우 광범위하게 나타나며, 근로자들의 요통 호소시 주로 진단되어지는 척추기능 이상으로 인한 질환은 급·만성요통으로 구분된다.

표 2. 17 급 · 만성 요통질환

| 질환 | 원 인 | 증 상 |
|---|---|---|
| (1) 요천추부의 염좌 | **급성염좌** : 급성염좌는 요추에 직접적인 외상을 받거나 혹은 무거운 중량물을 부적당한 자세에서 들다가, 요추 연부조직에 뚜렷한 손상을 입은 경우로 섬유륜, 추간판내의 외상적 변화, 기타 인대조직의 신전 또는 파열을 일으킨 경우이다.<br>**만성염좌** : 만성염좌는 뚜렷하지 않은 여러 요인 등이 복합적으로 작용하여 요추하부에 지속적인 역학적 스트레스로 인해 증상이 발생될 수 있으며 과도한 체중, 직업적으로 부적당한 자세를 계속 취하는 경우, 척추구조의 선천적 이상 등이 선행요인이 될 수 있다.<br>이러한 요인과 함께 척추체, 추간판 등에 퇴행성 변화가 진행되고 요추인대의 탄력성 감소와 섬유화가 일어나게 되면 30대 중반을 전후로 증세가 발생한다. | **통 증** : 급성기에는 근육경직으로 심한 통증이 발생하여 요추 및 하지운동이 제한되고, 경직이 있는 쪽으로 측만된 자세를 취한다. 만성염좌시에는 급성기보다 경미한 통증을 호소하나, 자주 재발되며 오래 지속된다. 항상 요추부에 피로감을 느끼며 자세에 따라 통증이 악화된다.<br>**근육경직** : 요부의 양측 또는 편측에 경직을 볼 수 있으며 편측경직이 심한 경우 척추 측만이 발생한다.<br>**압 통** : 이환부위의 압박에 통증을 호소하나, 때로는 통증 부위가 불확실하며 전체 요부에 미만성인 경우도 있다.<br>**방 사 통** : 방사통은 둔부, 대퇴의 후방이나 외측으로 연장되고, 슬관절 이하로 방사되는 경우는 드물며, 대부분의 경우 하지의 근약화, 감각둔화 등 신경증세는 나타나지 않는다.<br>**운동제한** : 요추운동은 급성기에는 근경직으로 심하게 제한되며, 요부의 근육 및 슬곽근의 경직으로 하지 직거상 검사의 제한이 나타난다. |
| (2) 추간판탈출증 | 수핵탈출은 추락이나 척추의 굴신운동, 물건을 들어올리는 동작중에 흔히 발생하나, 간혹 인지할 만한 원인 없이 퇴행성 과정자체 또는 단순한 하중만으로도 충분히 야기될 수 있다. | 대부분의 환자에서 외상력이 있으며, 외상 직후 혹은 잠재기간을 두고 요통 및 좌골신경통을 일으키며 증세가 간헐적인 것이 특징이다. 한 번 증세가 나타나면 수 일에서 수 개월까지 지속되고 증세가 소실된 뒤에도 가벼운 외상으로 자주 재발한다.<br>통 증 : 통증은 요추하부의 중심선을 따라 느껴지나 미만성(diffuse)이고, 천장관절, 둔부, 대퇴부까지 |

표 2.17 급·만성 요통질환

| 질환 | 원 인 | 증 상 |
|---|---|---|
| | | 해당 신경근의 분포부위로 방사통을 느끼게 된다. 때로는 무릎 이하의 원부위에만 국한될 수 있다. 요추의 운동이나 척추강내 압력을 상승시키는 기침, 재채기, 배변 등으로 악화될 수 있으며 누우면 경감된다.<br>**압 통** : 이환부위를 압박할 때 국소 동통이 느껴지며 좌골 신경통을 호소한다.<br>**운동제한** : 급성기에는 심한 근경직으로 모든 동작이 제한되나, 대부분은 전굴시에 심히 제한된다.<br>**좌골신경성 측만** : 좌골 신경통을 감소시키기 위해 요추는 측만을 보이게 된다.<br>**하지 직거상 검사** : 무릎을 편 상태에서 서서히 하지를 들어올리면 좌골신경이 긴장되어 통증이 야기된다. 정상측 다리를 들어올릴 때 통증이 유발되는 경우가 있으며 이것은 추간판의 완전한 탈출이나 추간판 중앙부 탈출을 의미한다.<br>**근력감퇴** : 추간판 탈출로 신경근이 압박되면 신경근이 지배하는 근육의 근력이 약해지고 근위축이 일어난다.<br>**감각이상** : 신경근의 압박으로 해당신경근의 지배 영역에 감각이 둔화된다. |
| (3) 퇴행성 관절염 | 허리를 계속 사용함으로써 생길 수 있는 사소한 외상, 정상적인 노화과정에서 발생하는 척추의 퇴행성 변화가 원인이 되며, 청년기에는 없으나 40대에 흔히 발생한다. | 사소한 외상이나 압박을 받는 경우 요통을 호소하며, 경직이 초래된다. 이러한 경직은 아침에 일어나려고 할 때 특히 현저하다. 동통은 척추 신경근 압박의 결과로 둔부, 하지로 확산되기도 하며, 퇴행성 변화의 결과로, 척추강 협착이 초래되어 있는 |

표 2. 17  급 · 만성 요통질환

| 질환 | 원 인 | 증 상 |
|---|---|---|
| | | 경우에는 보행시 통증으로 간헐적 파행이 나타나기도 한다. 진찰 소견상 근육의 경련, 운동장애, 운동시의 동통이 나타날 수 있으나 이에 비해서는 압통이 적은 것이 특징이다. |
| (4) 척추분리증 | 척추분리증(spondy lolysis)이란, 척추의 상관절 돌기와 하관절 돌기 사이의 협부에 편측 또는 양측성으로 결손이 있는 경우로서, 악화되면 척추전방 전위증으로 이환되는 경우가 많다. | 척추분리증은 운동량이 비교적 많은 10대에서 자주 발생하는데 아직까지 그 명확한 원인이 밝혀져 있지는 않지만 선천성으로 분리된 골화중심(epiphy seal center)의 유합이 이루어지지 않아서 발생한다는 설과 성장과정중 외상에 의한 골절설 및 계속되는 스트레스에 의한 설 등 후천적인 설이 있다.<br>그러나 가족적으로 다발하는 증세 등이 발표되고 있어 선천성 요인으로 보는 설이 유력한 것으로 되어 있다. |
| (5) 척추관협착증 | 척추 관협착증은 척추관이 좁아지면서 그 안을 통과하고 있는 마미신경과 신경근을 압박하며 임상 증상을 나타내는 상태를 의미하며, 척추관이 좁아지는 원인을 척추관 안에 비대해진 돌출부가 생성되거나 뼈고정술(bony fasion) 후에 생긴 골성융기(bony eminence) 또는 Paget병, 추간판 탈출증, 추체후면에 비정상적으로 돌출된 증식성 돌기(squr), 선천성 척추관 협소 등이 있을 때 발생한다.<br>요통이 생기는 원인으로서는 척추관이 좁혀져 주위의 혈관을 압박함으로써 혈관이 확장되지 못하고, 신경에 산소 공급이 원활히 이루어지지 못하여 신경염을 유발함으로써 통증이 발생한다. | 통증은 요부 및 편측 혹은 양측 하지에 간헐적 또는 계속적으로 발생되며, 통증의 성격은 다양하고 불확실하며 운동시 더 악화된다.<br>특징적인 것은 보행이 부자유스러우며 일정한 거리를 걸으면 통증, 이상감각(발저림 등) 등이 발생되며 잠시 휴식을 취하면 통증이 소멸된다. |

표 2. 17 급 · 만성 요통질환

| 질환 | 원 인 | 증 상 |
|---|---|---|
| (6) 산부인과적 요통 | 주로 여성의 생식기나 골반을 중심으로 해서 발생하는 동통을 산부인과적 요통이라 하며 대부분 통증이 일어나는 부위가 정형외과적 요통에서처럼 뚜렷하지 않고 요통부위가 비교적 넓다. 또 산부인과적인 요통의 경우 아침에 일어날 때 동통을 호소하는 경우가 많으나, 약간 움직이면 오히려 통증이 감소하는 현상을 보이기도 한다. | (1) 자궁후굴에 의한 요통<br>자궁의 정상위치로 전굴인 데 대하여 자궁이 후방으로 향하여 굽혀 있는 것을 말하며 후굴된 자궁이 자궁후부를 통과하는 정맥을 압박하여 응혈을 일으키고, 이 응혈이 주위 신경을 자극하여 요통을 일으킨다.<br>이러한 자궁후굴은 낭소낭종, 자궁근종과 같은 질병 등에 의해 일어나기도 하지만 선천적으로 이상위치가 있는 경우도 있다.<br>일반적으로 자궁후굴이 있어도 요통 등의 자각 증세가 없는 경우는 약 50% 정도이며, 치료를 위하여 자궁의 위치를 바로 잡아주어야 한다.<br>(2) 골반의 울혈이나 충혈에 의한 요통<br>월경이나 임신, 변비, 호르몬의 이상 등에 의해 골반내에 울혈이나 충혈이 올 수 있는데 이 울혈이나 충혈이 원인이 되어 요통을 일으키는 것이다.<br>치료는 주로 골반내 울혈이나 충혈을 제거할 수 있는 방법을 선택하여 시행하는데 하퇴욕이나 좌욕, 그리고 필요한 경우는 심부 온열치료를 실시한다.<br>(3) 선골자궁 인대에 의한 요통<br>이 요통은 출산경험이 있는 여성에게 많은데 자궁의 하방에서 자궁을 떠받치는 선골 자궁인대가 경화되거나 지나치게 비대해져 주위조직이나 신경을 자극함으로써 요통을 발생한다.<br>치료로는 진통제 혹은 부신피질 호르몬을 투여하거나 항생제를 사용하 |

표 2. 17 급·만성 요통질환

| 질환 | 원 인 | 증 상 |
|---|---|---|
| | | 기도 한다.<br>(4) 임신성 요통<br>임신으로 인하여 확장된 자궁이 골반 주위의 장기를 압박하거나 척추 조는 골반에 부착되어 있는 근육 등에 긴장을 유발함으로써 요통을 유발한다.<br>대부분 요통 증상은 일시적으로 발생되지만, 임신 말기까지 계속되는 경우가 있으면 특별한 치료는 필요 없다. |
| (7) 심인성(心因性)요통 | 심인성이란 용어는, 동통의 원인으로 해로운 자극이 발견되지 않는 상태에서 통증을 경험하는 경우를 말하며, 특히 신경계 자체 또는 경로에 기능 이상을 객관적으로 증명하지 못하는 경우를 의미한다. 더욱이 신경계 이상이나 해로운 자극이 설령 존재한다고 할지라도 극히 미미해서, 객관적으로는 전혀 통증을 일으킬 정도가 못되는 상태에서 심한 통증을 호소하는 경우까지도 포함한다. | 심인성 요통의 특징<br>임상적으로 요통을 호소하는 환자를 진찰할 때 심인성일 가능이 많은 경우를 열거해 보면 다음과 같다.<br>첫째, 현병력이 모호하고 통증을 일으켰다는 정보가 전혀 의학적으로 맞지 않을 때<br>둘째, 치료자가 동통호소에 대해 무관심하며 필요 이상 심하게 분노감을 표출할 때<br>셋째, 증상에 대한 설명이 연극적일 때<br>넷째, 증상의 부위를 정확하게 기술하지도 못하고 통증의 내용과 정도를 애매하게 표현할 때<br>다섯째, 일상적으로 통증을 완화시켜 줄 수 있는 약물이나 물리적 치료에 대해 반응이 없을 때<br>여섯째, 통증 이외의 다른 신경증적 증상, 즉 불안이나 우울 증상을 수반할 때 심인성 요통일 확률이 많다고 한다. |

표 2. 18 요통방지 대책

1. 단위시간당 작업량을 조절할 것
2. 작업 전 체조 및 휴식을 취할 것
3. 적정배치 및 교육훈련을 실시할 것
4. 운반작업은 되도록이면 기계화할 것
5. 취급중량을 조절할 것
6. 작업자세의 안전화를 도모할 것
7. 원칙적으로 단독 작업은 55kg 이하로 할 것
8. 연속작업시간은 20분 이내로 하고, 운반거리는 2km 이내로 할 것
9. 4명 이상 운반이 필요한 작업은 기계화로 할 것

| 순서 | 그 림 | 방 법 및 효 과 |
|---|---|---|
| 1 | 어깨돌리기 | • 팔꿈치가 큰 원을 그리되 천천히 시작하여 점차 빨리 한다(어깨와 목뼈의 유연). (8회 실시) |
| 2 | 몸통돌리기 | • 팔을 곧게 앞으로 펴서 좌우측으로 크게 돌린다(몸통을 유연). (8회 실시) |
| 3 | 무릎굽히기 | • 허리를 곧게 편 채로 힘껏 기울인다(척추의 강화). (8회 실시) |
| 4 | 몸통굽히기 | • 허리힘을 빼고 앞으로 두 번, 뒤로 두 번 한다(요배근 강화). (4회 실시) |
| 5 | 상체굽히기 | • 허리를 곧게 유지하고 무릎을 굽혔다 편다(복근의 강화). (4회 실시) |

그림 2. 6 근로자 요통예방 체조

| 순서 | 그 림 | 방 법 | 효 과 |
|---|---|---|---|
| 1 | | 1. 의자에 깊이 앉아 양팔을 위로 천천히 올린다.<br>2. 숨을 천천히 뱉어내며 너무 기대지 말고 허리를 편다(5~10초간). | 어깨 주변의 근육, 허리 부위 근육, 등 근육, 손목을 이완시켜 준다. |
| 2 | | 1. 의자에 기대면서 팔을 들어오려 뒤로 젖힌다(5~10초간).<br>2. 팔굽을 펴고 어깨를 뻗어 편다.<br>3. 턱을 가볍게 민 후 들어 신장시킨다.<br>4. 발바닥이 땅에서 떨어지지 않게 뒷꿈치를 바닥에 붙인다. | 복근, 어깨 주변근육, 등, 어깨부분의 근육을 펴준다. |
| 3 | | 1. 양팔을 천천히 들어 돌리며 허리를 편다.<br>2. 머리 뒤에서 팔굽을 짚고 목쪽으로 당기며 옆구리를 편다.<br>3. 반대편으로 실시<br>4. 엉덩이가 들리지 않게 하며 앞을 보고 가슴을 편다(5~10초간). | 어깨주변근육, 어깨관절, 옆구리의 근육을 신장시킨다. |
| 4 | | 1. 한 쪽 다리를 무릎 위에 많이 모아서 앉는다.<br>2. 허리를 펴고 가슴을 틀어준다(5~10초간).<br>3. 팔을 자연스럽게 반대편으로 실시<br>4. 발바닥이 땅에서 떨어지지 않게 한다. | 허리근육, 옆구리근육을 신장시킨다. |

그림 2.7 사무직 근로자 요통예방 체조

# 제 2 장
# 산 업 심 리

## 2.1 산업심리 이론

### 2.1.1 산업심리 개념

산업심리란, 응용심리학으로 인간심리의 관찰, 실험, 조사, 분석 후 과학적 법칙을 도출하여 산업안전관리에 적용하며 사고예방, 생산성 향상, 근로자의 복지향상을 도모하고자 하는 데 목적을 둔 학문이다.

#### 1. 작업조건과 산업심리

작업조건이 생산에 미치는 영향은 절대적이라 할 수 있으며 작업조건은 작업방법, 휴식시간, 급료, 표창, 승진, 분위기, 신분보장 등을 말한다.

표 3. 1 착상심리

| 잘못 생각하는 내용 | 남(%) | 여(%) |
|---|---|---|
| • 무당은 미래를 예측할 수 있다. | 20 | 21 |
| • 아래턱이 마른 사람은 의지가 약하다. | 20 | 22 |
| • 여자는 남자보다 지력이 열등하다. | 11 | 8 |
| • 인간의 능력은 태어날 때부터 동일하다. | 21 | 24 |
| • 얼굴을 보면 지능 정도를 알 수 있다. | 23 | 29 |
| • 민첩한 사람은 느린 사람보다 착오가 많다. | 26 | 26 |
| • 눈동자가 자주 움직이는 사람은 정직하지 못하다. | 23 | 36 |

또한 인간은 착상심리로 잘못 생각하는 것이 많다. 이는 인간의 생각이 모두 건전한 것만이 아니라는 것을 나타내며, 인간의 착상심리는 일반적으로 표 2. 1과 같다.

## 2. 사회심리와 산업심리의 상관성

사회행동은 협력, 대립, 도피, 경쟁 등의 기본형태로 이루어지는데 인간의 성격, 능력, 기질 등을 의미하는 개성은 생활환경에 따라 변할 수 있다.

사회심리학의 3대 측면으로 개성, 집단 내의 행동, 집단행동으로 나타내며, 개성의 형성조건은 습성, 습관, 교육, 환경조건 등에 의해 형성되어지고, 사회행동을 하는 심리적 원동력인 욕구는 통제가 어렵다.

일반적으로 통제가 어려운 욕구의 순서로는 우선적으로 생리적 욕구이며, 다음이 사회적 욕구이다. 생리적 욕구로는 호흡 → 안전 → 해갈 → 배설 → 수면 → 식욕 → 활동의 순이며, 사회활동 욕구로는 경제 → 도덕적 통제 → 가족 → 정신 → 생활양식의 순이다.

인간은 성장하면서 탐색의 단계인 10~25세의 청년기에는 자기의 적성, 흥미, 개성(personality) 등에 알맞은 역할을 탐색하며 규율, 근면, 시간 엄수, 책임감, 신뢰성 등의 태도를 습득하고 모험심을 유발시키는 시행착오의 단계를 가진다.

환경에 대한 개인의 적응을 특징지우는 비교적 일관성 있고 독특한 행동양식과 사고 양식을 성격이라 하며, 성격의 결정요인은 생물학적인 요인과 환경적인 요인인 경험이라 할 수 있다.

## 2. 1. 2 인간관계와 사회활동

Hawthorne은 실험에 의해 생산성 향상은 물리적인 작업조건보다 집단에 있어서의 인간관계에 의해 결정된다고 정의하였다.

집단에 있어서의 사회행동은 욕구, 개성, 인지, 신념에 의해 기초가 결정되고 인간의 행동은 인간관계의 메커니즘(mecanism)으로 동일화, 커뮤니케이션(comunication), 역할 학습, 모방, 암시 등으로 나타난다. 또한 집단은 적응기능, 목표달성기능, 통합기능, 내면화 등의 집단기능을 가진다.

인간관계는 종래에는 전제적 방식, 온정적 방식, 과학적 관리방식으로 나타내었지만 Mayo는 사물을 인간의 목적에 유익하도록 처리하는 능력인 기술적 기능(technical skills)과 사회적 기능(social skills)으로 구분했는데 사람과 사람 사이의 정보통신을 양호하게 하고, 사람들의 요구를 충족케 하고 사기(morale)를 향상시키는 능력을 이론으로 제시하였다.

Super D. E의 역할이론에서 보면 집단은 자아탐색인 동시에 자아실현인 역할연기, 역할기대, 역할조성, 역할갈등으로 적응한다고 하였다.

집단연구의 방법은 집단역학적 접근방법과 사회측정적 접근방법으로 나누어지는데 집단역학적 접근방법은 집단을 하나의 역동적 체계로 보고, 집단이란 반드시 유사성이 있는 구성원이 모여 성립된 것이 아니고, 구성원의 상호의존성에 의하여 형성되므로 이 관계를 연구하는 방법이며, 사회 측정적 접근방법은 집단 내에서의 개인상호간의 감정형태와 관심도를 측정하여 집단구조, 집단발전 내지는 사회적 관계의 측정과 정의를 내리려고 시도하였다.

## 2. 2 안전관리와 산업심리

### 2. 2. 1 재해누발과 안전관리

재해발생은 재해빈발설로 설명되어지며, 재해빈발설에는 기회설과 암시설, 재해빈발경향자설이 있는데, 기회설은 개인의 영향이 아니라 그 사람이 종사하는 작업에 위험성이 많기 때문이라는 설이고, 암시설은 한 번 재해를 일으킨 사람이 재해를 빈발하게 된다는 것이며, 근로자 가운데 재해를 빈발하는 소질의 결함이 있다는 것이 재해빈발경향설이다.

재해누발자의 유형에는 작업이 어렵거나 기계설비에 결함이 있고 환경상 주의력의 집중이 분산되는 경우와 심신에 이상이 있기 때문에 일어나는 상황성 누발자와 지능, 성격, 감각운동 등의 결함으로 일어나는 소질성 누발자, 작업의 미숙에 의해 재해를 발생시키는 미숙성 누발자, 재해의 경험에 의해 소심해 하거나, 신경과민 또는 일종의 슬럼프 현상에 의해 나타나는 습관성 누발자 등이 있다.

이 습관은 동기, 정신상태, 감정 및 개성의 차이에 크게 영향을 주고 있으므로 이 5가지 요소를 잘 통제하는 것이 안전관리의 요체가 된다. 즉, 인간은 자신이 갖고 있는 성격, 정신, 실제적 조건인 지능, 감각 등 소질적인 원인에 의해 사고를 유발시키므로 지능에 따라 개인에게 적합한 직무부여를 해야 하며, 성격적 요소인 허영성, 쾌락성, 무도덕성, 무모성, 도전적 성격 등이 사고를 일으킬 수 있는 충분한 요인이 된다. 또한 안전에는 반사운동신경이 중요시되므로 속도, 정확도를 확실히 할 수 있도록 지능, 성격, 감각운동 등 소질적으로 근로자를 적성배치시킴으로써 생산능률과 안전에 기여할 수 있다.

### 2. 2. 2 산업심리의 요소

산업심리의 주요소는 5대 주요소로 분류한다. 이는 능동적인 감각에 의한 자극에서 일어나는 사고의 결과로 마음을 움직이는 원동력인 동기이다.

인간의 성격, 능력 등 개인적인 특성, 특히 생활환경, 주위환경에 따라 변화하는 기질, 인간의 정상적인 사고과정을 혼란시키고, 불안전한 행동을 유발시키는 감정, 동기, 기질, 감정 등에 밀접한 연관관계를 가지는 습성 및 습관으로 분류한다.

사고는 심리적인 정신상태인 안전의식과 주의력의 부족, 방심 및 공상, 개성적 결함요소, 즉 지나친 자존심과 자만심, 다혈질 및 인내력의 부족, 약한 마음, 도전적 성격, 감정의 장기 지속성, 경솔성, 과도한 집착성, 배타성, 사치성과 허영심 등, 판단력의 부족이나 그릇된 판단에 의해 사고는 일어난다.

이때 정신력과 관련 있는 생리적 현상으로는 극도의 피로, 시력 및 청각의 이상, 근육운동의 부적합, 육체적 능력의 초과, 신경계통의 이상 등을 들 수 있다. 따라서 이러한 산업심리의 요소를 잘 통제함으로써 사고를 미연에 방지할 수 있다.

### 2. 2. 3 작업동기

의사소통의 동기유발요인은 안정, 기회, 참여, 인정, 경제, 성과, 권력, 적응도, 독자성, 의사소통 등인데 동기를 부여시키기 위해서 안전의 근본이념을 인식시키고 안전목표를 명확히 설정하고, 결과의 가치를 알려줌으로써 상과 벌을 주기도 하며, 선의의 경쟁과 협동을 유도하여 동기유발의 최적 수준을 유지하도록 하는 방법을 유도해야 한다.

## 1. 동기부여 이론

### (1) Maslow 이론

Maslow는 동기부여이론으로 욕구단계이론을 주장하였는데, 이 이론은 인간은 기본적인 욕구를 거친 뒤 고차적 욕구로 발전한다는 이론이다.

표 3. 2 Maslow 이론

| 제 1 단계 | 생리적 욕구 | 저차적 욕구(후진국형) |
|---|---|---|
| 제 2 단계 | 안전과 안정의 욕구 | |
| 제 3 단계 | 사회적 욕구(친화) | |
| 제 4 단계 | 인정(존경) 받으려는 욕구 | 고차적 욕구(선진국형) |
| 제 5 단계 | 달성(성취)의 욕구-자아실현 | |

### (2) Mcgregor 이론

표 3. 3 Mcgregor 이론

| X 이 론 | Y 이 론 |
|---|---|
| 인간불신감 | 상호신뢰감 |
| 성악설 | 성선설 |
| 인간은 본래 게으르고 태만하며, 수동적이고, 남의 지배받기를 즐김. | 인간은 본래 부지런하고 근면하며, 적극적이고, 스스로 일을 자기책임하에 자주적으로 행함. |
| 저차적 욕구(물질 욕구) | 고차적 욕구(정신 욕구) |
| 명령, 통제에 의한 관리 | 목표통합과 자기통제에 의한 관리 |
| 저개발국형 | 선진국형 |

Mcgregor는 그의 저서인 기업의 인간적인 측면에서 인간의 서로 정반대의 개념인 X · Y이론을 주장하였다.

### (3) Herzberg 이론

Herzberg는 Maslow의 욕구 이론을 다른 방향으로 보아서 저차적 욕구를 위생 요인으로, 고차적 욕구를 동기유발 요인으로 구분하여 두 요인 이론을 주장하였다.

표 3. 4 Herzberg 이론

| 위생요인(직무환경) | 동기요인(직무내용) |
|---|---|
| 회사정책과 관리, 개인 상호간의 관계, 감독, 임금, 보수, 작업조건, 지위, 안전 | 성취감, 책임감, 인정감, 성장과 발전, 도전감, 일 그 자체 |

표 3. 5 이론의 상호 관련성

| Maslow | | Herzberg | Mcgregor |
|---|---|---|---|
| 저차적 욕구 | 제1단계 : 생리적 욕구<br>제2단계 : 안전욕구<br>제3단계 : 사회적 욕구 | 1. 위생적 욕구 | X 이론(성악설)<br>사람은 강압적 규제 방법을 써야 함. |
| 고차적 욕구 | 제4단계 : 인정의 욕구<br>제5단계 : 달성욕구 | 2. 동기부여 욕구 | Y 이론(성선설)<br>자발적, 자주적인 규제 |

(4) Alderfor 이론

Alderfor도 Maslow이론을 부분 수정하여 ERG, 즉 생존욕구(existence needs), 관계욕구(relatedness needs), 성장욕구(growth needs)를 강조한 이론이다.

여기서 생존욕구는 유기체의 생존과 유지에 관련된 욕구로서 의식주와 같은 기본적인 욕구이며, 관계욕구는 다른 사람과의 상호작용을 통하여 만족을 추구하는 대인욕구를 의미하고 성장욕구는 개인적인 발전과 증진에 관한 욕구로서 잠재력의 발전으로 충족시킬 수 있는 욕구이다.

(5) Mcclelland 이론

Mcclelland는 성취동기이론을 주장하였는데, 이는 성공의 대가보다는 성취 그 자체에 만족하며, 목표를 달성할 때까지 노력하고, 자신이 하는 일의 구체적인 진행상황을 알기를 원하고 적절한 모험을 즐긴다는 이론이다.

(6) Davis 이론

Davis는 동기부여이론으로 경영의 성과는 인간과 물질적인 성과의 복합으로 나타난다고 주장하였다. 즉, 인간의 성과 × 물질적 성과 = 경영의 성과 로서, 이때 지식×기능=능력, 상황×태도=동기유발, 능력×동기유발=인간의 성과 로 설명하였다.

(7) Adams 이론

Adams는 직무에서의 입력과 산출결과가 공평하게 균형을 이루고 있어야 동기유발이 잘된다는 견해를 갖고 공평성이론을 주장하였다.

## 2. 직무수행이론

작업동기에 영향을 미치는 요인으로는 개인의 특성, 직무의 특성, 조직의 특성, 작업조건 등이 있으며, 이는 직무수행에 많은 영향을 미친다.

(1) Korman 이론

Korman은 작업행동에서 균형개념과 일관성의 개념에 관심을 가졌는데, 인간은 자신의 균형감과 일치감을 극대화하는 방향으로 행동하려고 한다는 것이 균형개념이고, 자기를 존경하는 사람은 일관성을 유지하고 만족상태를 계속 유지하기 위해 더 높은 성과를 올리려고 한다는 것이 일관성 개념이다.

(2) Vroom 이론

여러 가지 대안적 행동 가운데서 개인이 선택하는 행동이 심리적 사상과 관련이 있다는 이론으로 브룸은 동기부여=유인가×기대 로 나타내었다.

(3) Rock 이론

이 이론은 인간은 이성적이며 의식적으로 행동한다는 가정에 근거한 목표설정 동기이론이다. Rock에 의하면 표적요인과 변동요인의 높은 동기가 업무성취를 유도한다는 것으로, 목표는 특정방향으로 에너지를 이끄는 의도로 쓸 수 있는데 목표가 어렵고 구체적일수록 달성하는 데 보다 강력한 동기화가 필요하다.

## 2. 3 피로와 스트레스

### 2. 3. 1 생체리듬

1. 생산과 생체리듬

인간의 생체조건은 1일 또는 23~33일 주기로 혹은 1년, 평생주기로 육체적, 감성적으로 컨디션은 좋을 때와 나쁠 때가 주기적으로 나타난다.

생체리듬(biorhythm)에서 본 적정한 노동시간의 한계는 1일의 근로시간대는 주간이며, 1일의 근로시간수는 6~8시간, 주당 근로시간수는 40시간이 적당하다고 할 수 있다.

신체적 리듬은 육체적으로 활동기간 11.5일, 휴식기간 11.5일이 되어 23일 주기로 반복하며, 감성적 리듬은 감성적으로 예민한 기간과 그렇지 못한 기간이 28일 주기로 반복하고, 지성적 리듬은 지성적 사고능력이 재빨리 발휘되는 날, 그렇지 못한 날이 33일 주기로 반복한다. 서로 다른 3개의 리듬은 안정기와 불안정기를 교대하면서 반복하여 사인곡선(sine curve)을 그려 나가는데 +리듬에서 -리듬으로, 또는 −리듬에서 +리듬으로 변화하는 점을 0 또는 위험일이라 하고 이 시점이 가장 위험한 시기이다.

근무는 주간이 가장 적당하지만, 야간근무를 해야만 할 작업에서는 피로, 능률저하, 체중감소, 소화장애, 말초운동기능, 반응시간, 피부촉감 감소저하 등을 가져 오며 오전 3시~5시가 최저이므로 경계해야 한다. 일반적인 기준으로 주간 일과 중에 사고발생률은 오전 10~11시, 오후 15시~16시 사이에 사고발생률이 가장 높다.

2. 안전과 생체리듬

안전계획의 수립과 계획의 실천 및 바이오리듬(biorhythm)은 광범위하게 활용을 할 수가 있으며, 바이오리듬에 관하여 높은 관심의 표시는 근로자의 안전의식을 높일 수 있는 동기부여에 있어서 좋은 활력소가 되고, 사고방지를 위하여 사고의 직접적인 원인 시정에 주력을 해야 하며, 또한 개인의 리듬에 따른 안전하고 능동적인 위험에 대처할 수 있게 바이오리듬을 활용하면 좋은 결과를 가져 올 수도 있다.

## 2.3.2 피 로

피로(fatigue)에는 정신적 피로, 육체적 피로가 있으며, 피로는 피로물질 축적설, 에너지 소모설, 물리·화학적 변조설, 중추설 등 여러 설이 있지만, 원인은 작업시간과 작업강도, 작업환경 조건, 작업속도, 작업시각과 작업시간, 작업태도 등에 기인된다고 할 수 있으며 자연 휴지시간과 그 횟수의 증대로 인하여 실동률의 저하, 작업속도의 저하, 작업 정확도의 저하로 재해의 발생을 가져 오게 한다.

표 3. 6 피로의 방지대책

| | |
|---|---|
| 1. 신체의 활동에 의한 피로 | 활동을 국한하는 목적 이외의 동작을 배제하고, 기계력의 사용, 작업의 교대, 작업중의 휴식을 취할 것 |
| 2. 정신적 노력에 의한 피로 | 휴식, 양성훈련 |
| 3. 신체적 긴장에 의한 피로 | 운동 또는 휴식에 의해 긴장을 푸는 일, 기타 2항에 준함. |
| 4. 정신적 긴장에 의한 피로 | 주도면밀하고 현명하고, 동정적인 작업계획을 세우는 것, 불필요한 마찰을 배제하는 힘 |
| 5. 환경과의 관계에 의한 피로 | 작업장에서의 부적절한 제관계를 배제하는 일, 가정, 생활의 위생에 관한 교육을 하는 일 |
| 6. 영양 및 배설의 불충분 | 조식, 중식 및 석식 등의 관습의 감시, 건강식품의 준비, 신체의 위생에 관한 교육 및 운동의 필요에 관한 계몽 |
| 7. 질병에 의한 피로 | 속히 유효적절한 의료를 밟게 하는 일, 보건상 유해한 작업상의 조건을 개선하는 일, 적당한 예방법을 가르치는 일 |
| 8. 기후에 의한 피로 | 온도, 습도, 통풍의 조절 |
| 9. 단조감 · 권태감에 의한 피로 | 일의 가치를 가르치는 일, 동작의 교대를 가르치는 일 |

피로에는 주관적 피로인 피로감과 생산량, 작업성적의 양적·질적인 저하를 가져 오는 객관적 피로, 작업능력 또는 생리적 기능의 저하의 생리적 피로로 나타나는데 이는 노동을 한 결과로 생기며, 노동을 중지하면 자연적으로 원상태로 돌아간다. 피로회복 방법으로는 휴식과 수면이 가장 좋은 방법이며, 충분한 영양섭취, 산책 및 가벼운 운동, 음악감상 및 오락, 목욕, 마사지 물리적 요법 등이 있다.

### 2. 3. 3 스트레스

외부 또는 내부로부터의 자극요인으로 인하여 외부자극과 마음 속의 갈등과의 부조화로 정신적·육체적 질환을 야기시키는 현상으로 생리적 · 정신적 스트레스(stress)가 있다. 생리적으로 내분비계 신경의 긴장, 불안전한 신경증상, 영향요소, 내분비계 신경의 긴장, 공포 신경증상, 강박 신경증상, 외상적 스트레스, 신체적 신경증세 등을 유발시킨다. 이를 해소하기 위해서는 정신자세를 확립시키고 사전예방에 힘써야 한다. 물론, 그 시간이나 횟수는 작업성질과 강도에 따라서 결정되며, 작업강도에 따른 에너지 소비량과 요구되는 휴식시간과의 사이에는 서로 관련성이 있으며, 작업에 대한 평균에너지값을 4kcal/min이라 할 때 어떤 활동이 이 한계를 넘는다면 휴식시간을 삽입하여 초과분을 보상해 주어야 하며, 스트레스 해소를 위한 체크포인트는 그림 2. 1과 같은 것들이 있다.

$$\text{휴식시간 산출} = \frac{60(\ell - 4)}{\ell - 1.5}$$

$\ell$ : 분당 에너지소모량(kcal/분)

1. 지속적으로 스트레스를 받으면 가벼운 증상들이 지속긴장으로 누적되며, 신체 증상 역시 만성화되어 만성두통, 설사, 소화불량, 변비, 불면증, 요통, 피로, 신체가 탈진되어 위궤양, 협심증 등 큰 병을 일으키고 심각한 경우에는 죽음에까지 이르게 된다.
2. 인지능력 방해로 건망증과 강박적인 사고유발 및 정서의 기복이 없어지거나 조울증에 걸려 매사에 흥미상실을 가져 온다.
3. 인체의 면역체계가 악화되어 면역체계의 활동억제를 유발시킨다. 예를 들면 스트레스 → 엔돌핀 분비 → 통증 감소, 면역반응 억제 → 병에 이환으로 발전한다.

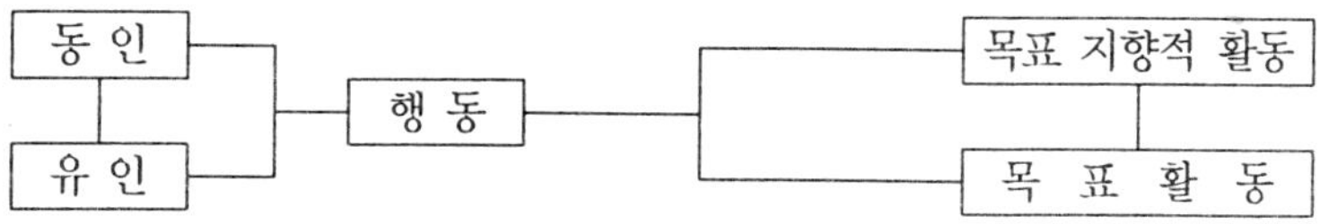


(a) 동기부여 상황도

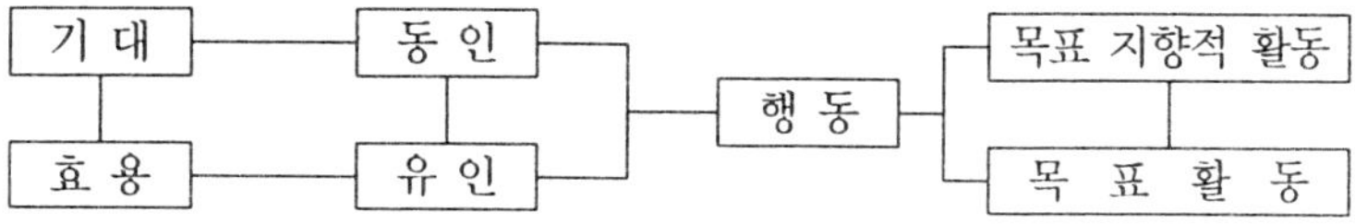


(b) 확대된 동기부여 상황도

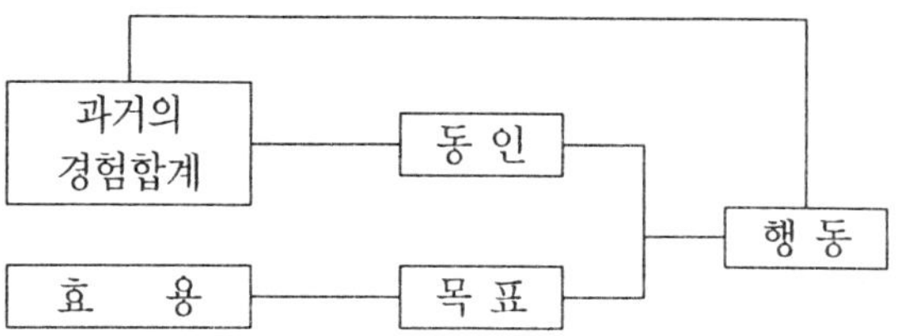


(c) 피드백 모델

그림 3. 1 인간의 행동과 동기부여

# 2. 4 인간 특성과 안전

## 2. 4. 1 환경 및 동작 특성

인간 동작의 특성은 외적 조건인 동적 조건, 정적 조건, 환경조건과 내적 조건인 생리적 조건, 경험시간, 개인차로 구성된다. 여성 근로자는 남자보다 위험성이 적은 직종에 근무하기 때문에 높지 않지만 같은 조건하에서는 더 증가해 가는 것을 볼 수 있으며, 중고 연령자의 경우는 심신기능상의 결함 등으로 인하여 재해발생률이 높다. 일반적으로 재해율에서 보면 20세 전후가 높고 30세 전후가 가장 낮으며, 나이를 먹게 됨에 따라 높아지고, 연소자는 경상이 많고, 고령자는 중상이 많다. 특히 전도, 추락, 비래, 협착사고는 고령자에게 많고, 연소자는 감전 등 부주의가 많다.

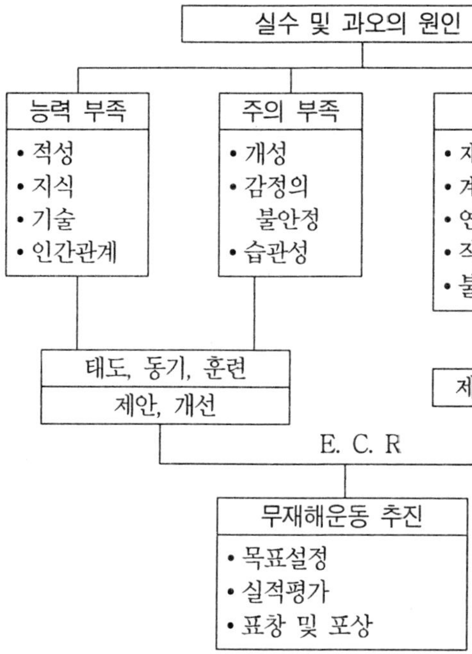


그림 3. 2 실수 및 과오의 원인

## 2. 4. 2 착오와 실수

### 1. 실수 및 과오의 원인

적성, 지식, 기술, 인간관계 등의 문제에 의한 능력부족, 개성, 감정의 불안정, 습관성 등의 주의부족, 표준불량, 규칙불충분, 연락 및 의사소통 불량, 작업조건 불량 등에 의한 환경조건 부적당으로 실수 및 과오가 나타난다.

### 2. 실수와 착오

실수는 대상의 실수, 힘이나 양을 가하는 실수를 의미하며, 착오는 위치의 착오, 순서의 착오, 패턴의 착오, 형상의 착오, 기억착오 등의 외부적인 요인에 의해서 나타나며 부주의는 내부적인 요인에 의해서 나타나게 된다.

착오의 원인에는 인지과정의 착오, 판단과정의 착오, 조치과정의 착오 등으로 나눌 수 있는데, 인지과정의 착오는 생리적, 심리적 능력의 부족으로 인하여 정보량 저장의 한계, 반복작업시의 감각차단 현상, 정서불안정 등에 의해 나타나며, 판단과정의 착오는 능력부족, 정보부족, 합리화, 환경조건 불비 등에서 일어나고, 조치과정의 착오는 잘못된 정보의 입수나 합리적인 조치의 미숙에 의하여 일어난다.

## 2.4.3 착 시

### 1. 착각현상

착각현상에는 자동운동, 유도운동, 가현운동 등이 있으며, 자동운동이 나타나는 경우는 광점이 작고, 대상이 단순하면서 시야의 다른 부분이 어둡고 빛의 강도가 작은 경우에 나타나며 유도운동은 기준의 이동에 의한 유도현상을 말하며, 가현운동은 β 운동이라고도 하며, 영화영상의 기법에서 사물이 연속해서 움직이는 착각을 말한다.

### 2. 착시현상

우리는 대상을 물리적 실제와 다르게 지각하는 경우가 흔히 있다. 대비현상이나 가현운동이 그 예이며 착시(optical illusion)는 환각과 다르다. 환각은 누구나 경험하는 것이 아니며 언제나 경험되는 것도 아닌 반면에 착시는 대상의 물리적 조건이 동일하다면 누구나 그리고 언제나 경험하게 되는 지각현상이다.

| | | |
|---|---|---|
| M□ler-Lyer의 착시 | | a가 b보다 길게 보임. |
| Helmholz의 착시 | | a는 세로로 길어 보이고<br>b는 가로로 길어 보임. |
| Herling의 착시 | | a는 양단이 벌어져 보이고<br>b는 중앙이 벌어져 보임. |
| Kh□ler의 착시 | | 우선 평행의 호를 보고 이어 직선을 본 경우에 직선은 호의 반대방향으로 굽어 보임. |

그림 3.3 착시현상

| | | |
|---|---|---|
| Poggendorf의 착시 | | a 와 c 가 일직선으로 보임. |
| Z□ller의 착시 | | 세로의 선이 굽어보임. |
| Hering의 착시 | | 가운데 두 직선이 곡선으로 보임. |
| Orbigon의 착시 | | 안쪽의 원이 찌그러져 보임. |
| Sander의 착시 | | 두 점선의 길이가 다르게 보임. |
| Ponzo의 착시 | | 두 수평선분의 길이가 다르게 보임. |

그림 3.3 착시현상(계속)

# 제 3 장
# 시스템 안전

## 3. 1 시스템안전과 안전성 평가

### 3. 1. 1 시스템안전의 개요

근래에 들어와서 재해가 대형화하고 재해 원인이 복잡해짐에 따라 각 방면에서 시스템 안전이란 용어가 등장하게 되었다.

시스템이란, 요소의 집합에 의해 구성되고 시스템 상호간에 관계를 유지하면서 정해진 조건 아래에서 어떤 목적을 위하여 작용하는 집합체라 할 수 있으며, 시스템안전이란, 어떤 시스템에 있어서 기능, 시간, 비용 등의 제약조건하에서 인원 및 설비가 당하는 상해 및 손상을 최소한으로 줄이기 위한 것으로 시스템 전체에 대하여 종합적이고 균형이 잡힌 안전성을 확보하는 것을 말한다.

시스템은 정보의 전달, 물질 혹은 에너지의 생산, 사람, 물질, 에너지의 수송 등의 기능을 가지며, 시스템 안전을 달성하기 위해서는 시스템의 계획, 설계, 제조, 운용의 적용과정을 거쳐 시스템 안전에 필요한 사항을 동일성의 식별과 안전활동계획, 조직 및 관리, 다른 시스템 프로그램의 영역 조정, 시스템안전에 대한 목표를 유효하게 적시에 실현하기 위한 프로그램의 해석, 검토 및 평가를 실시하여야만 시스템 안전관리라 할 수 있다.

또한 시스템 공학은 시스템의 위험성을 파악하고 제어하기 위한 특별한 전문지식 기능을 가지고 과학적 · 기술적 원리, 기준과 수법의 적용을 도모하는 공학의 한 분야이며 여기서 시스템안전을 위해서 산업안전을 확립하고, 시스템 안전기법을 산업안전에 도입하여 프로그램을 적용하고, 산업안전을 위한 시스템안전 프로그램을 개발한다.

시스템안전 프로그램에 포함해야 할 사항은 계획의 개요, 안전조직, 계약조건, 관련부문과의 조정, 안전성의 평가, 안전조직, 안전기준, 계약조건, 안전해석, 안전데이터의 수집과 갱신, 경과와 결과의 보고 등이 있으며, 시스템안전에서 우선적으로 위험의 최소화를 위해 설계하고 안전장치의 채택, 경보장치의 채택, 특수한 수단의 개발순으로 한다.

시스템 안전분석의 종류는 적용하는 프로그램의 단계에 따라 예비사고분석, 서브시스템의 사고분석, 시스템 사고분석, 운용사고분석 등이 있으며, 분석의 수리적 방법에 따라 정성적 분석, 정량적 분석 및 논리적 견지에 따라 귀납적 분석, 연역적 분석 등이 있다.

## 3.1.2 시스템안전 분석기법

### 1. 예비사고 분석

예비사고 분석(Preliminary Hazard Analysis ; PHA)은 PHA는

모든 시스템안전 프로그램의 최초 단계의 분석으로서 시스템 내의 위험요소가 얼마나 위험한 상태에 있는가를 정성적으로 평가하는 것으로서 시스템의 개발단계에 있어서 시스템 고유의 위험상태를 식별하고 예상되는 재해의 위험수준을 결정하는 것이다.

PHA의 시기는 될 수 있으면 시스템 개발단계에 실시하는 것이 요망되며 이것에 의해 설계변경을 하고, 보다 효과적으로 경제적인 시스템의 안전성을 확보할 수 있다.

PHA의 기법은 위험한 요소가 어느 서브시스템에 존재하는가를 관찰하는 것으로 체크리스트, 경험, 기술적 판단에 의한 방법 등이 있으며, PHA의 서식은 다음과 같은 것이 포함된다.

1. 해석되는 기계설비, 또는 기능적 요소 및 적용되는 시스템의 단계, 또는 운용형식
2. 해석되는 기계설비, 또는 기능 속의 본질적 위험 요소
3. 위험한 요소를 동정된 위험상태로 만들 우려가 있는 바람직하지 못한 사상 또는 결함
4. 시스템과 시스템 내의 각 위험 요소의 상호작용에 의해 생길 우려가 있는 위험상태
5. 위험한 상태를 잠재적 재해에 이행시킬 우려가 있는 바람직하지 못한 사상 또는 결함
6. 동정된 위험상태에서 생길 가능성이 있는 어떤 잠재적 재해
7. 잠재적 재해가 만약 일어났을 때의 가능한 영향
8. 각각의 동정된 위험상태가 갖는 잠재적 영향
9. 위험상태 또는 잠재적 재해를 소멸 또는 제어하기 위해 권장되는 예방수단이란, 기계설비의 설계상 필요사항, 안전장치의 내장, 기계설비의 설계변경, 특별한 수준, 인원상 필요사항 등으로 한다.
10. 확인된 예방수단을 기록하고 예방수단이 남아 있는 상태

표 4. 1 PHA 양식

| 1. 서브 시스템 또는 기능 요소 | 2. 형식 | 3. 위험 요소 | 4. 위험 요소의 기폭제가 되는 사상 | 5. 위험한 상태 | 6. 위험한 상태의 기폭제가 되는 사상 | 7. 잠재적 사고 | 8. 영향 | 9. 위험 등급 | 10. 사고예방수단 | | | 11. 확인 |
|---|---|---|---|---|---|---|---|---|---|---|---|---|
| | | | | | | | | | $_{10}A_1$ 설비 | $_{10}A_2$ 순서 | $_{10}A_3$ 인원 | |
| | | | | | | | | | | | | |
| | | | | | | | | | | | | |

## 2. 고장형태와 영향분석

고장형태와 영향분석(Failure Made & Effect Analysis ; FMEA)은 시스템 안전분석에 이용되는 전형적인 정성적 귀납적 분석방법으로 시스템에 영향을 미치는 전체 요소의 고장을 형별로 분석하여 그 영향을 검토하는 것으로 각 요소의 1형식 고장이 시스템의 1영향에 대응한다. 즉, 발생한 사고 전체를 분석함으로써 어느 한 요소가 고장나서 전 시스템에 영향을 미치는지를 파악할 수 없다.

전 시스템의 한 요소가 고장을 일으키면 이 고장이 전 시스템에 결정적으로 영향을 미칠 수 있기 때문이다. 고장형과 영향분석법은 고장의 형태를 정성적이고 귀납적으로 분석하는 방법이다.

정성적은 정량적의 반대로, 사고가 일어나는 빈도보다도 사고의 성질, 즉 사고의 크기를 기준으로 하여 분석하는 방법이다. 귀납적으로 사고를 분석한 결과 그 요소가 사고를 일으킬 수 있다고 가정하는 것이다. 그러므로 귀납적이라는 것은 논리성과 같은 형식이다. 고장형과 영향 분석법은 그 단독 분석법으로는 사고를 정확히 분석할 수 없다.

FMEA의 특징으로는 CA(Criticality Analysis)와 병행하는 일이 많고, FTA보다 서식이 간단하고 적은 노력으로 특별한 훈련 없이 분석이 가능하지만 논리성이 부족하고 각 요소간의 영향분석이 어려워 두 가지 이상의 요소가 고장날 경우 분석이 곤란하다. 요소가 통상 물체로 한정되어 있어 인적 원인의 규명이 어렵고, 시스템안전 해석시에는 시스템의 단계나 평가의 필요성 등에 의해 FTA 등을 병용해 가는 것이 실제적인 방법이며 FMEA의 서식은 다음과 같다.

표 4. 2 FMEA Work Sheet의 Format

| System명 : | FMEA | 일 자 : |
|---|---|---|
| Subsystem명 : | | 페이지 : |
| 조 립 품 : | | 작성자 : |
| | | 교정자 : |

| 대상항목 | | 기능 | 고장 Mode | 고장 원인 | 동작 단계 | 고장의영향 | | | 고장 검지법 | 보상 방법 | 고장 등급 | 기타 |
|---|---|---|---|---|---|---|---|---|---|---|---|---|
| Cord번호 | 명칭 | | | | | 조립품 | Subsystem | System | | | | |
| | | | | | | | | | | | | |

## 3. 결함위험분석

결함위험분석(Fault Hazard Analysis ; FHA)은 FHA는 서브시스템 분석에 사용되는 분석으로 내용적으로는 FMEA를 간소화하는 것으로 생각할 수 있으나 FMEA와 비교하면 통상 대상으로 하는 요소는 고장난 경우로 직접 재해발생으로 연결되는 것밖에 없다.

결함위험분석법은 여러 공장에서 제작된 부품들을 조립하여 전체 공장이나 하나의 기계가 되었을 때 서브시스템의 결함이 전 시스템에 어떤 영향을 미치는지를 분석하는 방법이다. 결함위험분석법을 효과적으로 분석하기 위해서는 서브시스템의 요소 및 고장형태, 고장률 등을 알아야 하고, 그 서브시스템이 고장났을 때 전 시스템에 미치는 영향을 파악해야 하며, 또한 전 시스템이 고장났을 때 그 위험성을 분류해야 한다.

FHA의 기재사항은 서브시스템의 요소와 그 요소의 고장형, 고장형에 대한 고장률, 요소 고장시 시스템 분석의 운용형식, 서브시스템에 대한 고장의 영향, 2차 고장, 뜻하지 않은 고장, 위험성의 분류, 전 시스템에 대한 고장의 영향, 기타 추가사항이 있다.

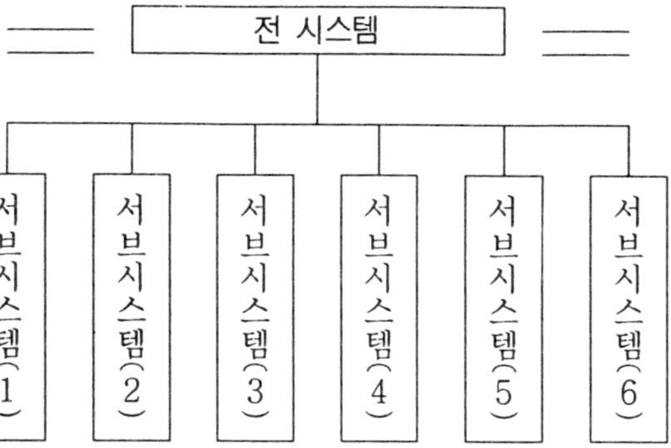


그림 4. 1 FHA

## 4. 운용 및 지원 위험해석
## (Operation & Support Hazard Analysis ; OSHA)

시스템의 모든 사용단계에서 생산, 보전, 시험, 운반, 저장, 운전, 비상탈출, 구조, 훈련 및 폐기 등에 사용되는 인원, 순서, 설비에 관하여 위험을 동정하고 제어하며 그들의 안전요건을 결정하기 위해 실시하는 해석으로서, 운용 및 지원위험 해석의 결과는 다음의 경우에 있어서 기초자료가 된다. OSHA의 내용은 다음과 같다.

1. 위험의 염려가 있는 시기와 그 기간 중의 위험을 최소화하기 위해 필요한 행동의 동정 및 위험을 배제하고 제어하기 위한 설계변경
2. 방호장치, 안전설비에 대한 필요조건과 그들의 고장을 검출키 위하여 필요한 보전순서의 동정

3. 운전 및 보전을 위한 경보, 주의, 특별한 순서 및 비상용 순서 그리고 취급, 저장, 운반, 보전 및 개수를 위한 특정한 순서
4. 운용위험해석의 서식은 다음과 같다.

표 4.3 운용위험 분석양식

| 프로젝트 (Project) | | OSHA | 일시 | |
|---|---|---|---|---|
| 시 스 템 | | | | 작성 |
| 업무 No | 업무 | 위 험 | 안전성 요구사항 | 비 고 |
| 20 | | | | |

5. 위험성 분석법

위험성 분석법(Criticality Analysis ; CA)은 위험성이 높은 요소가 고장났을 때 그 위험도가 어느 정도 물적 손실과 인적 손실을 가져 오는지를 분석하는 방법이다.

위험성 분석법은 한 요소가 결함이 있어 사고가 발생하면 그 위험도의 위험성만 분석하는 방법이며, 위험성만 분석하므로 단독으로 사용하면 의미가 없고 FMEA와 함께 사용한다. CA, FMEA를 결합시킨 것을 FMECA라 한다. 위험성 분석법은 사고의 결과로 나타나는 인적 피해 및 물적 피해, 사고의 범위 등을 분석하므로 사고의 원인을 분석하기는 곤란하고 각 요소가 전 시스템에 미치는 영향을 분석하기도 곤란하므로 FMEA와 함께 사용한다.

위험성을 분석하기 위해서는 위험등급과 결함발생 빈도를 알아야 하는데 이러한 높은 위험도를 갖는 요소 또는 그 고장의 형에 대한 해석을 위험성 분석법(CA)이라고 하며 고장형의 위험도 분류는 다음과 같다.

표 4. 4 고장형의 위험도 분류

| 범 위 | 특 징 |
|---|---|
| 범 위 1 | 생명의 상실로 이어질 염려가 있는 고장 |
| 범 위 2 | 작업의 실패로 이어질 염려가 있는 고장 |
| 범 위 3 | 운용의 지연 또는 손실로 이어질 고장 |
| 범 위 4 | 극단적인 계획 외의 관리로 이어질 고장 |

## 6. 고장형태원인과 치명도 분석

CA는 FMEA와 병용되는 경우가 많아 FMEA를 확장해서 고장형태원인과 치명도 분석(Failure Modes Effects and Criticality Analysis ; FMECA)을 개발했으며 FMECA에서는 위험도의 평가를 위해 다음 식으로 계산되는 치명도 수치 $C_r$을 사용하며, 위험도 수치가 기대치를 넘어설 경우는 설계의 변경 등 필요한 안전수단을 강구하고 결과는 다시 한번 더 검토한다.

$$C_r = \sum_{n=1}^{j} (\beta \cdot \alpha \cdot K_E \cdot K_A \cdot \lambda_G \cdot t \times 10^6)$$

$C_r$ : 100만 회당 손실수로 나타낸 치명도 수치

$n$ : 특정 손해 사항에 대응하는 시스템 요소의 위험한 고장의 형

$j$ : 손해 사항에 상당하는 시스템 요소의 위험한 고장형 중에서 $j$번째 것

$\lambda_G$ : 시간 또는 주기당 고장수

$K_A$ : $\lambda_G$가 측정되었을 때와 그 요소가 사용되었을 때와의 운전강도차를 조정하기 위한 환경계수

$K_E$ : $\lambda_G$가 추정되었을 때와 그 요소가 사용되었을 때와의 환경강도차를 조정하기 위한 환경계수

$\alpha$ : 위험한 고장의 페일류 모듈, 페일류 모듈과 $\lambda_G$ 중 그 위험한 고장의 형에 기인하는 부분

$\beta$ : 위험한 고장의 형이 일어났다고 할 때 그 영향이 일어날 조건이 붙을 확률

## 7. 의사결정목 분석

의사결정목 분석(Decision Tree Analysis ; DTA)은 요소의 신뢰도를 사용해서 시스템의 신뢰도를 나타내는 시스템 모델의 한 가지로서 귀납적이기는 하지만 정량적인 해석 방법이다.

의사결정도의 시스템 다이어그램(diagram)에 의해 좌에서 우로 진행시켜 각 요소를 나타내는 시점에 있어서 통상 성공사상은 상방에, 실패사상은 하방에 분기하고 분기마다 그 발생확률을 표시하고 최후에 각각의 곱의 합으로 시스템의 신뢰도를 계산한다. 이때 분기된 각 사상의 확률의 합은 항상 1이다.

의사결정도가 재해의 분석에 사용되는 경우에는 이벤트 트리(event tree)라고 부를 때도 있으며, 이 경우 트리는 재해의 발단이 된 요인에서 출발해 2차적 요인이나 안전수단의 여부에 따라 최후에 재해사상에 도달하게 된다.

## 8. 경영위험도 분석법

경영위험도 분석법(Management Oversight and Risk Tree ; MORT) 이 MORT란, 이름을 붙인 해석 트리를 중심으로 하여 FTA와 동일한 논리기법을 사용하고 관리, 설계, 생산, 보전 등 광범위하게 안전을 도모하는 것으로 원자력 산업과 같이 대부분 상당한 안전을 요하는 곳에서 보다 고도의 안전을 달성하는 것이다. 비록 개발의 대상이 원자력 산업이지만 처음으로 산업안전을 목적으로 개발된 시스템안전 프로그램이다.

## 9. 사건목분석

사건목 분석(Event Tree Analysis ; ETA)은 사상의 안전도를 사용한 시스템의 안전도를 나타내는 시스템 모델의 하나로서 귀납적이기는 하나 정량적인 해석기법으로 종래의 지나치기 쉬웠던 재해의 확대요인의 분석 등에 적합하다.

## 10. 인간과오율 예측기법

인간과오율 예측기법(Technique For Human Error Rate Prediction ; THERP)은 시스템에 있어서 인간의 과오를 정량적으로 평가하기 위해 개발된 기법으로 인간의 과오율의 추정법 등 5개의 스텝으로 구성하며 기본적으로 ETA의 병형으로 루프(loop), 바이패스(bypass)를 가질 수 있고 인간-기계체계의 국부적인 상세한 분석에 적합하다.

## 11. 결함목 분석법

| 구 분 | 내 용 | 기호 |
|---|---|---|
| 결함사상 | 사고가 일어난 사상(사건) | |
| 기본사상 | 더이상 전개되지 않는 기본적인 사상 | |
| and게이트 | 여러 개의 사상이 동시에 일어날 때 출력이 발생하는 사상 | |
| or게이트 | 여러 사상 중 1개만 일어나도 출력이 발생하는 사상 | |
| 통상사상 | 일반적으로 발생하는 사상 | |
| 최후사상 | 정보분석으로 더이상 전개되지 않는 사상 | |
| 이행기호 | 한 사건에서 다른 사상으로 열결될 때 사용 | |
| 제약게이트 | 조건이 만족할 때만 일어나는 사상 | |

그림 4.2 FTA의 논리기호

결함목 분석법(Fault Tree Analysist ; FTA)이 FTA란 결함수법, 결함관련수법, 고장의 목분석법 등으로 번역되고 있으며, 시스템 안전공학과 때를 같이 하여 Watson에 의해 고안되었다.

이 기법은 벨전화 연구소의 연구그룹에 의해 개량되고, 미사일 우발사고를 예측하는 문제해결에 공헌하였는데 연역적이고 더구나 정량적인 해석을 할 수 있으며 기계, 설비 또는 인간 기계 시스템의 고장이나 재해의 발생요인을 도표에 의하여 분석하는 기법이다.

FTA는 고장이나 재해요인의 정성적인 분석뿐만 아니라 개개의 요인이 발생하는 확률을 얻을 수 있고, 재해발생 후의 규명보다 재해발생 이전에 예측기법으로서의 활용가치가 높은 유효한 방법이며, FTA에 의한 재해사례 연구순서와 구성내용은 표 3.6과 같다.

표 4.5 재해사례 연구순서

| | |
|---|---|
| 제 1 단계 | 톱사상을 선정하여 시스템의 안전보건 문제점을 파악하고, 재해의 모델화, 문제점의 중요도, 우선순위를 결정하고, 해석할 톱사상을 결정한다. |
| 제 2 단계 | 사상마다 재해원인과 요인을 규명한다. |
| 제 3 단계 | FT도를 작성하되 부분적 FT도를 다시 보고 중간사상의 발생조건을 재검토하고 전체의 FT도를 완성한다. |
| 제 4 단계 | 안전성이 있는 개선안의 검토, 제약의 검토와 타협, 개선안의 결정, 개선안의 실시 등의 개선계획을 작성한다. |

# 3. 2 안전성 평가

## 3. 2. 1 안전성 평가의 개요

안전성 평가는 구미 각국에서는 위험성 평가(risk assessment)로 불리고 있으며, 미국에서 안전의 가장 모범적인 회사로 알려진 화학 공장인 듀퐁사에서는 안전성의 사전평가제도를 안전성 평가(safety assessment)라고 부르고 있으며 컨설턴트를 실시하고 있다. 안전성 평가란, 설비의 전공정에 걸친 안전성 사전평가행위라고 할 수 있다. 평가(assessment)란, 설비나 제품의 설계, 제조 사용에 있어서 기술적, 관리적 측면에 대하여 종합적인 안전성을 사전에 평가하여 개선책을 제시하는 것으로서 안전성 평가의 종류는 기술평가(technology assessment), 안전평가(safety assessment), 위험평가(risk assessment), 인적 평가(human assessment) 등이 있다.

표 4. 6 안정성 평가

| | |
|---|---|
| 제 1 단계 | 관계자료의 정비검토 |
| 제 2 단계 | 정성적 평가 |
| 제 3 단계 | 정량적 평가 |
| 제 4 단계 | 안전대책 |
| 제 5 단계 | 재해정보에 의한 재평가 |
| 제 6 단계 | FTA에 의한 재평가 |

1. 안전평가방법

인적 상해를 수반하는 재해사고의 경우, 필연적으로 물적 손실을 동반하게 되므로 인적 · 물적 양면의 전체적 손실방지를 위하여 기업 전반에 안전성 평가를 한다.

미국 듀퐁사의 예를 들면, 기본방침으로 상해방지는 가능하고, 관리자는 근로자의 상해방지에 대한 책임을 지며, 상해위험 부분에는 방호장치를 설치하여, 안전에 책임을 질 수 있도록 교육훈련을 의무화하고, 상해에 의한 손실은 본인, 가족, 기업의 공동적 손실이라는 방침을 세워 공장건설 전 · 중 · 후와 조업개시 전·후를 평가시기로 정하고, 위험의 예측평가, 체크리스트에 의한 평가, FMEA법, FTA법 등의 안전성 평가방법(safety assessment method)으로 평가한다.

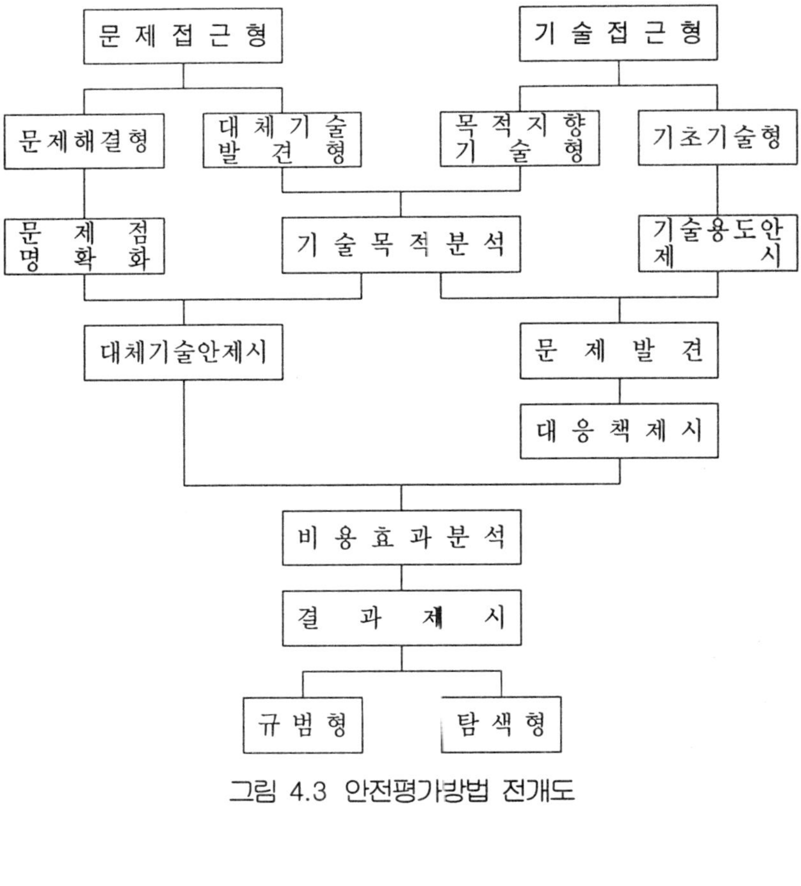


그림 4.3 안전평가방법 전개도

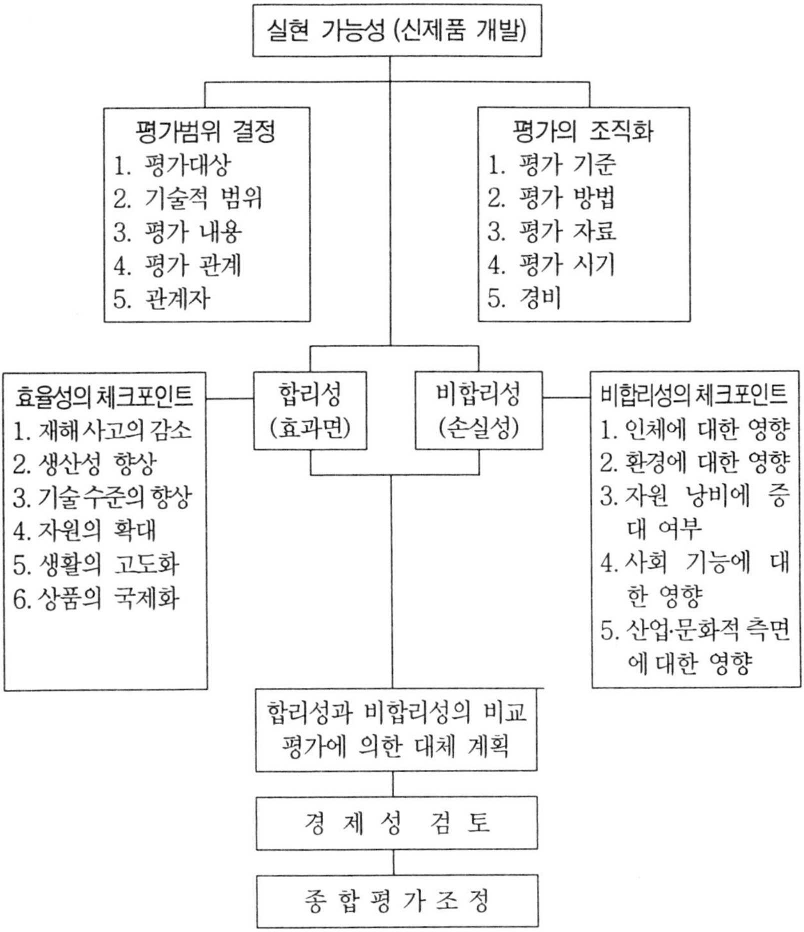


그림 4.4 기술평가방법 전개도

## 2. 기술평가방법

기술개발의 종합평가라고 말할 수 있는 기술평가방법(technology assessment method)은 기술개발 과정에서 효율성과 위험성을 종합적으로 분석하고 판단함과 아울러 대체수단의 이해득실을 평가하여

의사결정에 필요한 포괄적인 자료를 체계화한 조직적인 계획과 예측의 과정(process)이라고 정의 내려진다. 기술개발의 종합평가는 제 1 단계로 사회적 복리 기여도, 제 2 단계로 실현 가능성, 제 3 단계로 위험성과 안전성, 제 4 단계로 경제성, 제 5 단계로 종합평가 등의 5 단계 기법으로 평가한다.

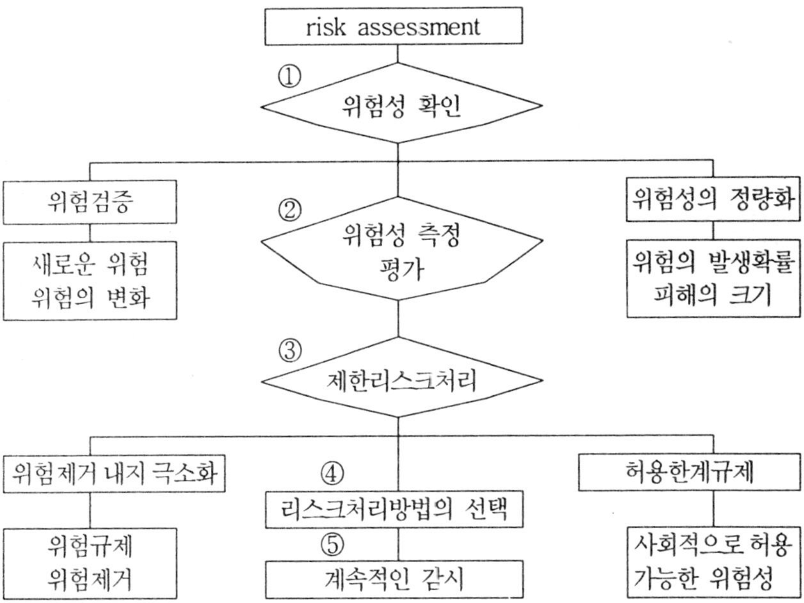


그림 4.5 리스크 어세스멘트의 순서

## 3. 위험평가방법

위험평가방법(risk assessment method)은 위험경영(risk management) 또는 안전평가(safety assessment)의 용어로 사용되며, 손실방지를 위한 관리활동으로 기업경영은 생산활동을 둘러싸고 있는 모든 위험을 제거하여 이익을 얻기 위한 활동을 위험경영(risk management)이라 한다. 위험경영(risk management)의 순서는 위험을 검출, 확인하여 위험을 측정 분석하고 위험처리기술을 도입하여 위험처리방법을 선택한 후에, 시행하고 확인감독을 계속하여 반복적용하는 것이다.

## 3.2.2 유해위험방지 계획서

### 1. 산업안전 보건법 기준

노동부령이 정하는 업종 및 규모에 해당하는 사업의 사업주는 당해 사업에 관계 있는 건설물, 기계, 기구 및 설비 등을 설치 이전하거나 그 주요 구조부분을 변경할 때는 유해위험방지 계획서를 공사착수 60일 전에, 건설업은 30일 전에, 지방 노동관서의 장에게 제출토록 하고 있다.

### 2. 제출대상 제조업

다음의 사업 중 전기사용설비의 정격용량의 합이 300kW 이상인 사업에 해당된다.

1. 석탄을 주성분으로 하는 연탄 및 기타 응집고체연료 생산업
2. 코크스, 석유 정제품 제조업
3. 화합물 및 화학제품 제조업
4. 고무 및 플라스틱제품 제조업
5. 제1차 금속산업
6. 조립금속제품 제조업
7. 달리 분류되지 아니하는 기계 및 장비 제조업
8. 사무, 계산 및 회계용 기계 제조업
9. 달리 분류되지 아니하는 전기기계 및 전기변환장치 제조업
10. 영상, 음향 및 통신장비 제조업

11. 의료, 정밀, 광학기기 및 시계 제조업
12. 자동차 및 트레일러 제조업
13. 기타 운송장비 제조업
14. 가스업

## 3. 제출대상 기계 · 설비

1. 금속 기타 광물의 용해로로 용량이 1톤 이상인 것에 한함.
2. 노동부장관이 정하는 화학설비
3. 노동부장관이 정하는 건조설비
4. 가스집합 용접장치로 이동식은 제외
5. 연, 유기용제, 특정화학물질 및 분진작업 관련설비로 노동부장관이 정하는 것에 한함.

## 4. 제출대상 건설공사

1. 지상높이가 31m 이상인 건축물 또는 공작물의 건설, 개조 또는 해체
2. 최대 지간거리가 50m 이상인 교량건설 공사
3. 터널건설 등의 공사
4. 제방높이 20m 이상인 댐건설 등의 공사
5. 게이지 압력이 1.3kg/cm$^2$ 이상인 잠함공사
6. 깊이 10.5m 이상인 굴착공사
7. 기타 건설설비, 크레인 등을 사용하는 공사 또는 유해·위험작업 등으로 노동부장관이 정하는 공사

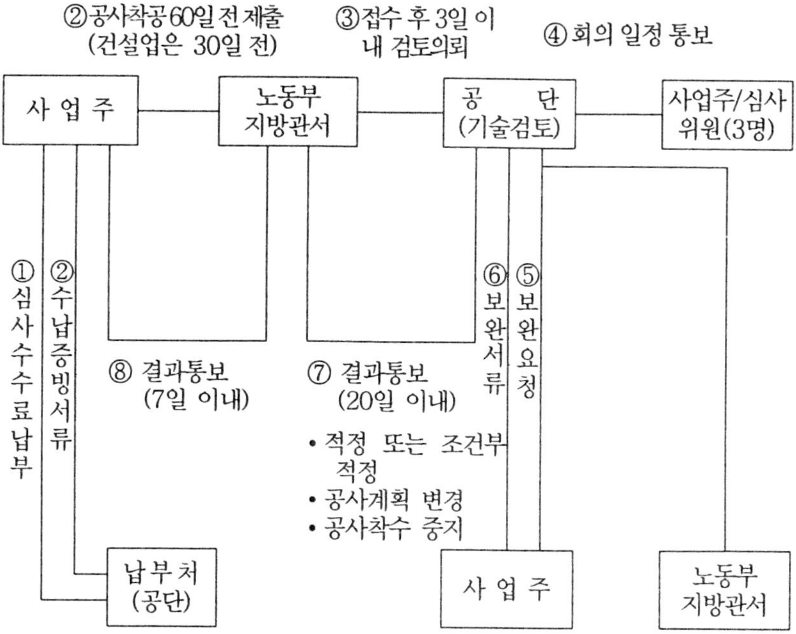


그림 4.6 유해위험방지 계획서의 심사절차

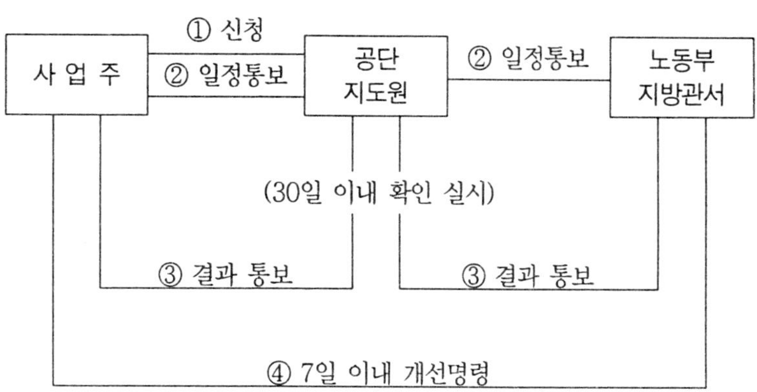


그림 4.7 확인검사의 절차

### 3. 2. 3 화학설비의 안전성

#### 1. 자료의 작성

화학설비의 안전성을 단계별로 분류하면 다음과 같다.

제 1 단계로 지질도, 풍배도 등 입지에 관계 있는 도표를 포함한 입지조건, 화학설비 비치도, 건조물의 평면도와 단면도 및 입면도, 기계실 및 전기실의 평면도와 단면도 및 입면도, 원재료, 중간체, 제품 등의 물리적 · 화학적 성질 및 인체에 미치는 영향, 제조 공정상 일어나는 화학반응, 제조공정의 개요, 공정기기 목록, 공정 계통도, 배관, 계장 계통도, 안전설비의 종류와 설치장소, 운전요령, 요원배치 계획, 안전보건 훈련계획, 기타 관련자료의 작성 준비를 한다.

#### 2. 정성적 평가

제 2 단계로 입지조건, 공장 내의 배치, 건조물, 소방용 설비 등의 설비관계와 원재료, 중간체, 제품 등의 위험성, 프로세스의 운전조건, 수송, 저장 등에 대한 안전 대책, 프로세스 기기의 선정요건 등 운전관계를 정성적 평가로 행한다.

#### 3. 정량적 평가

제 3 단계로 각 구성요소의 물질, 엘리먼트(element)의 용량, 내부의 온도, 압력, 조직 등을 평점으로 해석하고, 정량적으로 등급을 구분한다. 이때 등급은 16점 이상은 I등급, 11~15점은 II등급, 0~10점은 III등급으로 한다.

#### 4. 안전대책

평가의 결과에 따라 I 등급에서 III등급으로 구분하고 위험정도에 따라 안전대책을 설정한다. 설비에 대한 대책은 필요 최소한의 것이

법규에서 규제되고 있으므로 이것을 종합적으로 취합해서 대책으로 하고 있다. 그리고 플랜트의 특성 등을 감안하여 필요한 대책이 더욱 강구되고 있으며, 관리적인 대책은 적정한 인원배치와 교육훈련이 중요한 과제이지만 교육은 즉효성이 있는 반면, 연속성이 결여되므로 새로운 교육방법 채택과 반복으로 교육의 효과를 높이도록 한다.

### 5. 재해정보의 재평가

제 5 단계로 안전대책 강구 후 그 설계내용에다가 동종 플랜트 또는 동종장치에서 파악한 재해정보 및 재해사례를 적용시켜 재평가를 실시한다.

### 6. FTA에 의한 재평가

제 6 단계로 위험도의 등급이 I에 해당하는 플랜트에 대해 FTA에 의한 재평가를 실시하고 개선할 부분 발견시에는 설계내용에다 필요한 수정을 가한다. 화학설비의 안정성 6 단계 평가를 요약하면 다음과 같다.

표 4. 7 화학설비의 안전성 평가

| | |
|---|---|
| 제 1 단계 | 관계 법규 등에 의한 평가 |
| 제 2 단계 | 체크리스트에 의한 정성적 평가 |
| 제 3 단계 | 정량적 평가 |
| 제 4 단계 | 정량적 평가에 의한 중요도를 3가지 형으로 분류하여 중요도별로 안전대책 강구 |
| 제 5 단계 | 재해정보에 의한 전단계까지의 평가결과에 대한 종합적인 재점검 실시 |
| 제 6 단계 | 중요도 1급에 상당하는 공장에 대해서는 FTA에 의한 안전성 평가 실시 |

### 3. 2. 4 건설공사의 안전성

시공단계에 있어서의 안전을 확보하기 위해서는 공사의 시공계획 단계에서의 안전성 평가의 실시가 중요하다.

종래에는 공사의 시공계획을 수립함에 있어서 자칫하면 경제성 품질과 같은 완성된 결과만을 우선하여 계획이 검토되고, 시공중의 근로자의 안전보건에 대해서는 소홀하게 다루는 경향이 있었지만, 앞으로는 건설공사에 있어서 안전관리를 진행시켜 나가기 위해서 시공계획 단계에서 공사중의 안전대책을 검토해야 한다는 것이 중요시되고 있다.

이러한 관점에서 대규모의 건설공사에 대한 시공계획을 수립함에 있어서 안전보건에 관하여 일정한 지역을 갖는 자를 참가시켜 그 계획에 대하여 안전보건면에서 검토해야 할 것을 사업자에게 의무화시키고 있다. 안전성 평가는 총 4 단계로 평가하며 가설공사인 경우를 예로 들면 다음과 같다.

(1) 제 1 단계 : 기초자료 수집

설계도면, 기상상황, 지형지질, 기존 구조물 및 인접 구조물, 하부공, 운반로, 환경, 사설비, 재해정보, 동종공사기록, 안전기준에 관한 기술상 각종 지침을 수집한다.

(2) 제 2 단계 : 위험도 등급과 대책 수립

구조형식, 최대지지간의 길이, 구조물의 평면형상, 가설공법, 사용크레인, 지형, 지반조건, 가설시기 및 가설지역, 가설공기, 보의 높이 등의 위험도 등급을 설정한다.

예를 들면, 보의 높이의 경우에 표와 같이 나타내고, 같은 방법으로 위험성을 평가하여 등급을 정한다.

(3) 제 3 단계 : 기본적 사항 검토

주임기술자, 기술감독자, 관리조직, 하청업자 선정, 공정표, 작업중지기준 등의 시공관리, 안전관리체제, 작업주임자, 작업지휘자, 안전보건교육, 취업제한, 건강관리, 작업장, 작업시간 등의 안전보건관리, 도로상 또는 도로에 접근한 장소에서의 공사, 고속도로상 또는 고속도로에 근접한 장소에서의 공사, 시가지 공사, 주변환경 확보 등 기본적 사항을 검토한다.

(4) 제 4 단계 : 재해평가와 안전대책 검토

구조물 도괴재해에 대한 안전대책과 추락재해 및 중량물 취급재해 안전대책 검토를 행한다.

표 4. 8 건설공사의 안전성 평가

| | |
|---|---|
| 제 1 단계 | 기초자료 수집 |
| 제 2 단계 | 위험도 등급과 대책수립 |
| 제 3 단계 | 기본적 사항 검토 |
| 제 4 단계 | 재해평가와 안전대책 검토 |

## 3. 2. 5 기계설비의 안전성

작업공정을 검토하여 기계, 설비의 주위간격을 충분히 하고 공장 내외에 안전통로를 설치한다. 또한 원재료, 제품 등의 적재 장소를 충분히 확보하여 기계설비의 보수 점검이 쉽도록 하고 위험성이 높은 설비와 타설비의 관계를 적정하게 한다.

레이아웃(lay out)의 원칙은 인간과 기계의 흐름을 라인화하고, 이동거리를 단축하며, 기계배치를 집중화·기계화한다. 즉, 기계활동을 집중화하고, 운반기계를 유효하게 활용하며, 인간과 기계의 이동을 효율화하고 돌거나 되돌아오는 부분 및 중복부분은 없앤다.

기계설비의 안전성 평가대상은 사용중인 기존시설의 기계설비, 새로 도입되는 기계, 신설되는 공장, 개조되는 설비, 개개의 기계설비, 기계설비의 배치 관련시설, 동력시설, 부대시설 등이 있다.

기계설비의 안전의 대표적인 페일세이프 장치를 살펴보면 다음과 같다.

## 1. 페일세이프의 개념

기계시스템의 고장이 발생했을 경우에도 그대로 사고나 재해로 연결되지 아니하고 안전을 확보하는 기능을 페일세이프(fail safe)라고 한다. 즉, 인간이나 기계 등에 과오나 동작상의 실수가 있더라도 사고와 재해를 발생시키지 않도록 철저하게 2중, 3중으로 통제를 가하는 장치이다.

## 2. 페일세이프 구조기능 분류

### (1) 페일패시브

페일패시브(fail passive)는 일반적인 산업기계방식의 구조이며, 부품의 고장시 기계장치는 정지상태가 된다.

### (2) 페일오퍼레이션

페일오퍼레이션(fail operational)은 병렬 여분계의 성분을 구성한 경우이며, 성분의 고장이 있어도 다음 정기점검시까지는 운전이 가능하다.

### (3) 페일액티브

페일액티브(fail active)는 부품의 고장시 기계장치가 경보를 나타내며 단시간에 고장부위를 알 수 있다.

## 3. 페일세이프의 종류

(1) 구조적 페일세이프(항공기의 엔진, 압력용기의 안전밸브)

a) 저균열속도구조 — 기계장치 등에 균열이 발생하더라도 그 진전속도가 늦어 정지를 일으키는 구조이다.

b) 조합구조 — 다층재 등에서와 같이 여러 개의 재료를 조합시켜 하나의 재료에서 균열이 생겨도 다른 재료가 하중을 받아주는 구조이다.

c) 다경로하중구조 — 하중을 받아주는 부재가 몇 개로 나뉘어져 있어서 일부 부재가 파열되어도 다른 부재로 인하여 하중을 받아 줄 수 있는 구조이다.

d) 이중구조 — 통상시에는 하중을 받아주고 있지 않지만 어떤 부재가 파열되면 모든 하중을 받아줄 수 있는 이중 유리창 같은 구조이다.

e) 하중해방구조 — 안전파열판 등과 같이 어딘가가 파열되면 그 이상의 하중이 걸리지 않는 구조이다.

(2) 회로적 페일세이프(철도신호, 개폐기의 용장회로)

a) 철도신호 — 신호기가 고장이 생긴 때에는 항상 빨간색이 표시되어 중대재해를 막아주고 있다.

b) 개폐기의 용장회로 — 병렬회로와 직렬회로가 있고, 각각 ON 또는 OFF에 대한 안전회로를 구성하고 있다.

c) 대기 용장회로 — 용장회로 중 평상시에는 예비회로가 작동하지 않고 주회로가 고장이 생긴 경우에만 작동하는 방식이다.

■ 저자 소개

···허 성 관

대구대학교 자동차산업기계공학부 교수

# 시스템 안전

펴낸날 — 2006년 5월 30일

지은이 — 허 성 관

펴낸이 — 이 용 두

펴낸곳 — 대구대학교출판부

주소 — 경북 경산시 진량읍 내리리 15번지

전화 — (053)850-5661~4

팩스 — (053)850-5669

등록번호 — 경산 제11호

찍은곳 — 동아종합인쇄사 · 동아기획

정가 11,000원

ISBN 89-7794-786-8-93550

대구대학교출판부의 책은 홈페이지에서도 구매할 수 있습니다.

**http://dubookstore.daegu.ac.kr/**